Wulf Eckermann, Hans Albert Preißler

Haustechnik

Reihe Altbaumodernisierung
Herausgegeben
von Manfred Gerner

Wulf Eckermann, Hans Albert Preißler

Haustechnik

Planung und Ausführung
technischer Installationen in historischen Gebäuden

Deutsche Verlags-Anstalt
Stuttgart München

Unter Mitarbeit von Klaus Henicke (Kapitel 5.1.2)

Die Deutsche Bibliothek – CIP-Einheitsaufnahme
Ein Titeldatensatz für diese Publikation ist bei
Der Deutschen Bibliothek erhältlich

Typographische Gestaltung: Martina Gronau
Satz und Herstellung: Die Herstellung Stuttgart
Umschlaggestaltung: Büro Klaus Meyer München – Costanza Puglisi
Druck und Bindearbeit: Friedrich Pustet, Regensburg
Printed in Germany
ISBN 3-421-03256-4

Inhalt

Vorwort des Herausgebers		**7**
1	**Einführung**	**9**
2	**Praktische Denkmalpflege**	**11**
2.1	Anliegen der Denkmalpflege	**11**
2.2	Arbeit des Denkmalschutzes	**14**
2.3	Haustechnik gestern und heute	**16**
2.4	Denkmalwerte technische Ausrüstungen	**18**
3	**Leitlinien für die Haustechnik**	**21**
4	**Planung**	**23**
4.1	Grundlagen	**23**
4.2	Schadensursachen	**24**
4.3	Ablauf der Planung	**27**
4.4	Kosten und Honorierung	**30**
4.5	Umgang mit Gesetzen, technischen Regeln und Normen	**31**
5	**Installationen und Bauwerk**	**34**
5.1	Bestandserfassung und Bestandsbewertung	**34**
5.1.1	Typische Bauweisen und Modernisierungsbedarf	**34**
5.1.2	Kleine Materialkunde	**42**
5.1.3	Methoden und Techniken zur Bestandsaufnahme	**47**
5.1.4	Weiterverwendung alter Leitungen und Armaturen	**51**
5.2	Systemwahl und Leitungsführung	**56**
5.2.1	Grundlagen	**56**
5.2.2	Verlege- und Verbindungstechniken	**58**
5.2.3	Hinweise zu Brand- und Schallschutz	**61**
5.2.4	Hinweise zu Heizungs-, Elektro- und Sanitärinstallation	**63**
5.2.5	Standsicherheit und Tragfähigkeit	**76**
5.2.6	Gebäudetypen und Beispiele	**80**
5.3	Wartung und Instandhaltung	**88**

5.3.1	Checkliste bis Facility Management	**88**
5.3.2	Gasinstallation	**92**
5.3.3	Schornsteine	**95**
6	**Heizen, Dämmen, Lüften**	**99**
6.1	Ursache und Wirkung	**99**
6.2	Dämmen	**100**
6.3	Lüften	**105**
6.4	Heizen	**108**
6.4.1	Wärme erzeugen und verteilen	**108**
6.4.2	Wärme in den Raum geben	**117**
6.5	Energie sparen	**126**
7	**Raumklima in historischen Gebäuden**	**131**
7.1	Merkmale und Einflüsse	**131**
7.2	Schäden und Ursachen	**133**
7.3	Anforderungen	**137**
7.4	Methoden und Beispiele	**140**
7.4.1	Methoden zur Klimabeeinflussung	**140**
7.4.2	Gebäude mit zeitweiser Heizung	**146**
7.4.3	Gebäude ohne Heizung	**156**
8	**Beleuchtung**	**160**
Anhang		**163**
Verweise/Quellen		**163**
Begriffe, Erläuterungen		**165**
Weiterführende Literatur		**169**
Register		**175**
Bildnachweis		**176**

Vorwort des Herausgebers

Die Technische Gebäudeausrüstung, kurz Haustechnik, war lange Zeit ein Stiefkind der Denkmalpflege und ein Sorgenkind bei der Sanierung historischer Gebäude. Dies hängt damit zusammen, dass zum einen historische Haustechnik, die alten Installationen selbst, hätten Denkmale werden müssen, was aber nicht im Interesse der Nutzer liegen konnte beziehungsweise kann, und zum anderen damit, dass Installationssysteme und Geräte, aber auch die Normen grundsätzlich für Neubauten konzipiert sind und vielfach nur schwer mit historischen Bauten, auch Denkmalen, in Einklang zu bringen sind.

Äußerste Aktualität hat das Thema dadurch gewonnen, dass es zwingend notwendig geworden ist, den Altbaubestand einschließlich der Denkmale – mit einigen herausragenden Ausnahmen – in die Überlegungen zur Energieeinsparung und Reduktion des CO_2-Ausstoßes einzubeziehen, ja darüber hinaus neue Konzepte zu entwickeln.

Forschungs- und Modellvorhaben unter anderem des Deutschen Zentrums für Handwerk und Denkmalpflege, insbesondere durch die Deutsche Bundesstiftung Umwelt gefördert, haben, aufbauend auf handwerklichen Erfahrungen, zu neuen Erkenntnissen und Lösungsmöglichkeiten geführt.

Mit einer Fülle von Ansätzen, Hinweisen und Anregungen verhilft der Band »Haustechnik« den Architekten, Fachingenieuren, Denkmalpflegern und Installateuren aller Disziplinen zum erfolgreichen Arbeiten in »historischer Substanz«. In den alle Installationsgewerke übergreifenden Kapiteln, zum Beispiel zur praktischen Denkmalpflege für die Haustechnik, führen die Autoren Leitlinien für die Haustechnik und Planung ein und legen damit die Basis wie auch den Hintergrund fest. Es folgt ein »roter Faden« von der Bestandserfassung über die Systemwahl und Leitungsführung bis zur Wartung und Instandhaltung. Schließlich behandeln zwei geschlossene Kapitel die Themenkomplexe Heizen, Dämmen, Lüften und Raumklima in historischen Gebäuden. Konkrete Beispiele zeigen Planungsvorgaben auf und stellen realisierte Baumaßnahmen vor. Die Erläuterung von Begriffen wie auch Hinweise zur weiterführenden Literatur runden den Band ab.

Eine solche Gesamtdarstellung gibt es bisher nicht. Den Autoren gebührt der Dank, in kooperativer Arbeit mit dem Herausgeber einen praxisnahen Ratgeber für die Reihe »Altbaumodernisierung« entwickelt zu haben. Dank insbesondere auch dafür, dass sie neue konzeptionelle Ansätze und mehr noch Lösungsvorschläge »abseits der üblichen Wege« vorstellen.

Fulda im September 2000

Prof. Manfred Gerner

Einführung 1

Das Verhältnis von Bauwerk und Haustechnik hat sich verändert. Aus dem einstigen Miteinander ist häufig ein Gegeneinander geworden. Früher waren die technischen Installationen in Form und Material ein integraler Bestandteil des Gefüges. Im Zuge der Spezialisierung von Funktionen und der Zentralisierung der Versorgung lösen sich die Installationen immer mehr von der Baukonstruktion. Es entstehen hochkomplexe Einzelbauteile die infolge rasanter technischer Entwicklung schnell veralten. So entwickeln sich die Standzeiten von Gebäude und technischer Ausrüstung immer weiter auseinander.

Kachelöfen waren über Jahrzehnte, manchmal über Jahrhunderte in Gebrauch. Wenn die Risse in den Fugen und Kacheln durch fortschreitenden Verschleiß zunahmen, so wurde nach alter Technik wieder neu gesetzt. Ein moderner Heizungskessel ist nach spätestens 15 Jahren technisch veraltet. An seine Stelle rückt ein völlig anderes Produkt. Eine intensive technische (Aus)Rüstung, wie heute üblich, war zur Bauzeit vieler historischer Gebäude völlig unvorstellbar. Einzig der Schornstein durchzog das Gebäude. Heute sind die Häuser durchlöchert, die Räume verkabelt und der Mensch vernetzt.

Geschichte ist nicht umkehrbar, niemand sehnt sich zurück nach dunklen kalten Räumen, trockenem Klo und feuchter Wand. In jedes Wohnhaus, ob alt oder neu, gehört zeitgemäße Haustechnik. Doch eines ist klar: Alte Häuser sind anders, und der Einsatz moderner technischer Ausrüstung muss diese besonderen Umstände berücksichtigen. Ansonsten kann es sehr teuer werden, für das alte Haus und für den Bauherren.

Die langjährigen Erfahrungen mit der »Modernisierung« haben gezeigt, dass unreflektiertes Übertragen von Neubaustandards und überzogene Komfortansprüche in der Regel zu einem überhöhten Aufwand führen. Dadurch werden Bauherren und Gebäudenutzer finanziell über Gebühr belastet, und das Gebäude wird in seiner Substanz und Funktion nachhaltig beeinträchtigt. Weniger ist mehr, gilt auch in diesem Falle. Denn einfache Lösungen sind dauerhaft und kostengünstig, im wertvollen Baudenkmal ebenso wie im profanen Altbau.

Auf diesem Weg möchte der Ratgeber »Haustechnik« helfen. Anliegen des Buches ist es, alle Fachdisziplinen und Gewerke am Bau frühzeitig zusammenzubringen, um gezielt die baukonstruktive, die bauklimatische und die haustechnische Ausgangssituation zu ermitteln, als gemeinsame Planungs- und Entscheidungsgrundlage für die angestrebte individuelle Lösung. Erstmalig richtet sich der Blick dabei ganz konsequent auf das Verhältnis von Haustechnik und Bauwerk. Auch wenn das Baudenkmal im Mittelpunkt der Überlegungen steht, gelten viele Hinweise und Anregungen in gleicher Weise für den normalen Altbau. Dieser Ratgeber ist kein Lehrbuch für die hochspezialisierten haustechnischen Gewerke. Als Arbeitshilfe für alle am Bau Beteiligten soll er dazu dienen, fachübergreifende Zusammenhänge zu veranschaulichen, um kostengünstig und schadenfrei zu bauen.

Praktische Denkmalpflege 2

Anliegen der Denkmalpflege 2.1

Vermächtnis oder Erblast

Die kulturelle Identität in Europa beruht ganz wesentlich auf Geschichte und Tradition. Auf Grundlage dieses Selbstverständnisses gelang in den letzten Jahrzehnten eine Sensibilisierung der Öffentlichkeit, die zur festen Verankerung der Denkmalpflege in unserer Gesellschaft führte. So wird dem Bemühen um den Erhalt unseres kulturellen Erbes allgemein ein hoher Stellenwert eingeräumt. Ungeachtet dieses grundsätzlichen Konsenses gehen die Meinungen zu den Aufgaben und Zielen der Denkmalpflege doch weit auseinander. Bauherren haben mitunter Vorbehalte und Ängste. Ein Denkmal zu besitzen, wird mit Behördenzwang, Auflagen und erhöhten Kosten gleichgesetzt. Andererseits behindern viele Verständnisprobleme und Vermittlungsschwierigkeiten die Arbeit des Denkmalschutzes. So ist bei Bauherren und Handwerkern häufig die Verwechslung von Denkmalpflege mit Ortsgestaltung und Stadtbildpflege spürbar. Das historische Original wird mit »schönem« Ambiente gleichgesetzt, der Sinngehalt reduziert sich auf das Statussymbol. Hier gilt es zuzuhören und aufzuklären, hier sind Hinweise zur praktischen Denkmalpflege gefragt. In der Tat gibt es einen Bedarf in der »Denkmalberatung« jenseits von Antrag und Genehmigung. Der eindeutige Schutzauftrag der staatlichen Denkmalpflege (Denkmalschutzbehörde) lässt sich nur schwer mit der Neutralität einer Beratungsstelle vergleichen. Daher reduziert sich die praktische Arbeit häufig auf den typischen Schlusskonflikt: Genehmigung ja/nein.

Natürlich hat die Sanierung von historischen Gebäuden nicht allein kulturelle und soziale Bedeutung, sondern auch handfeste wirtschaftliche Gründe. Der Schwerpunkt der Bautätigkeit in Deutschland verlagert sich gegenwärtig deutlich in Richtung Altbausanierung. Der »Markt Denkmalpflege« partizipiert hierbei in besonderem Maße. In Deutschland stehen derzeit annähernd eine Million Gebäude unter Denkmalschutz. Zudem stehen für Baudenkmäler geeignete technische Lösungen stellvertretend für viele baugleiche historische Gebäude, die zwar nicht eigens durch Denkmalgesetze geschützt sind, an deren Erhalt jedoch die Eigentümer ein berechtigtes Interesse haben.

Was ist ein Denkmal?

Baudenkmäler sind Zeugnisse der Vergangenheit. Sie vermitteln Informationen über die Zeit ihrer Entstehung und über die Perioden, die sie durchlaufen haben. Der Begriff des Kulturdenkmals ist in den Denkmalschutzgesetzen der Bundesländer definiert: »Schutzwürdige Kulturdenkmäler im Sinne dieses Gesetzes sind Sachen, Sachgesamtheiten oder Sachteile, an deren Erhaltung aus künstlerischen, wissenschaftlichen, technischen, geschichtlichen oder städtebaulichen Gründen ein öffentliches Interesse besteht.«[1] Hierzu gehören Bauwerke aller sozialen Schichten, das Schloss, das bäuerliche Anwesen, das Handwerkerhaus, die frühe Arbeitersiedlung, ebenso wie Zeugnisse der Technik- und Industriegeschichte.

Auch Denkmalschutz hat seine Geschichte

Schon in der Renaissance galt: Wo viel gebaut wird, wird auch viel zerstört. »Ja, ich wage zu sagen: Dieses ganze neue Rom, das man heute sieht, wie groß es auch sein mag, wie schön, wie reich an Palästen, Kirchen und Bauwerken [...] alles ist mit dem Kalk aus antikem Marmor errichtet.«[2]

So äußerte sich Raffael (Raffaelo Santi 1483–1520), 1515 zum Bauleiter der Peterskirche und als Kurator der antiken Denkmäler eingesetzt, angesichts der Ruinen des antiken Rom und des Umgangs mit seinen baulichen Zeugnissen. Auch ein Erlass von Papst Paul III. aus dem Jahr 1534 konnte die weitere Zerstörung antiker Bauwerke nicht verhindern: »daß die Monumente der Stadt und der Umgebung und alle Statuen, Inschriften, Marmore, soviel als möglich bewahrt, von Gestrüpp befreit, keine neuen Bauwerke ihnen angehängt, nicht zerschlagen, zu Kalk verbrannt, oder aus der Stadt entfernt werden.«[3]

Der Denkmalschutz als staatliche Institution ist das Ergebnis einer fast zweihundertjährigen in ganz Europa nachweisbaren Entwicklung. Hinter all dem steht die Frage, wie das »Erbe der Vergangenheit« für die Gegenwart und Zukunft bewahrt werden kann. Auch die Definition des »Denkmalbegriffs« war einer ständigen Entwicklung unterworfen. So galt bis zum Ende des 19. Jahrhunderts (erster Fachkongress mit dem »Tag der Denkmalpflege«, 1900 in Dresden) das Interesse fast ausschließlich den mittelalterlichen Bauwerken. Barock war verpönt, das architektonische Erbe des 17. und 18. Jahrhunderts wurde fast völlig ignoriert.

In der Frage nach Sinn und Ziel der Denkmalpflege gab es vor allem um den Begriff des »Originals« erhebliche Auseinandersetzungen. Lange Zeit galt das vordringliche Streben dem Schutz des Erscheinungsbildes, und erst in den letzten Jahrzehnten konnte sich die Maxime der Substanzerhaltung durchsetzen.

Dem Aufstieg des Bürgertums im 19. und 20. Jahrhundert folgte die Entwicklung einer wissenschaftlich begründeten Denkmalpflege. Schützenswerte Kulturgüter sind seither nicht mehr allein die Nationalmonumente und Fürstenschlösser, sondern ausgewählte Gebäude aller Klassen und Schichten. Die damit unvermeidlich einhergehende Öffnung der Privatsphäre war gleichzeitig die Geburt eines Konflikts, der heute aktueller denn je ist: Der Ausgleich zwischen dem Recht aller Bürger auf die gemeinsame Geschichte und dem Recht des Einzelnen an seinem Eigentum.

Altes Haus in neuem Glanz

Wer kennt sie nicht, diese Schlagzeile. Sie begegnet uns täglich, in bunten Magazinen und Werbeprospekten dieser Tage, und ist doch schon hundert Jahre alt. Theodor Fischer, ein Konservator, schreibt 1902 in »Der Kunstwart: Über das Restaurieren«:

»Wie der Bauer seinen, vielleicht etwas abgenutzten, prachtvoll bemalten Schrank ahnungslos gegen einen polierten Fabrikschund eintauscht, so ist's immer das liebe Publikum, das mit Behagen für die ›Umwandlung im neuzeitlichen Geiste‹ oder für ›die stilgerechte Wiederherstellung‹ sich erwärmt. Gelder werden flüssig, man weiß nicht wie, ein Architekt wird geholt, man weiß nicht woher, und dann hat man bald für das alte Gerümpel die wie neu aussehende Stattlichkeit eingetauscht. Sei sicher, wenn du jene schönen Redensarten in irgend einer Zeitung liest, daß es dann einem guten alten Bauwerke an den Kragen geht. In fünfzig Fällen von hundert wäre eine wesentliche Veränderung überhaupt nicht nötig. Ein wenig abgefallener Putz, ein verwitterter Stein, ein schadhaftes Dach, das alles gebessert und es ginge wieder viele Jahrzehnte. Oft ist es der Ehrgeiz, der die Leute plagt: Die in Adorf und in Bestadt haben ihre Kirche restauriert, da müssen sie in Cefeld folgen, das ist klar. Öfter aber ist es nur ein übertriebenes Ordnungs- und Sauberkeitsbedürfnis [...]«[4]

Das Denkmal soll nicht nur einen »atmosphärischen« Eindruck der vergangenen Epochen vermitteln, es soll vor allem archivalische Quelle sein. Und nur die originale Substanz ist die Trägerin dieser Eigenschaft. Für Baumaßnahmen am Baudenkmal gelten deshalb folgende Grundsätze:

- Jede Maßnahme ist nach gründlicher Prüfung auf das wirklich Notwendige zu beschränken.
- Die Reparatur muss Vorrang vor der Erneuerung haben.
- Reparaturen sind vorrangig in historischen Materialien und Techniken auszuführen.
- Baumaßnahmen müssen substanzschonend und reversibel sein.

Nutzung und Umnutzung

Bis auf wenige Ausnahmen ist der Erhalt eines Denkmals nur durch Nutzung zu gewährleisten. Überspitzt: »Nur ein genutztes Denkmal ist ein gutes Denkmal.« Selbst wenn die Nutzung nur zeitweise andauert, kann sie dazu dienen, Verfall und Abriss zu verhindern. Umnutzung und Modernisierung erfordern die Überprüfung und womöglich die Ergänzung der Gebäudefunktionen. Meistens stellt sich spätestens bei einer grundlegenden Sanierung die Frage nach der Notwendigkeit und dem Umfang technischer Installationen. Manch ein Gebäude der Vergangenheit, vor allem die Kultur- und Industriebauten bis zum Anfang des 20. Jahrhunderts, bietet gute Voraussetzungen, da es sehr großzügig entworfen war. »Sie waren große Hülle und nicht hauteng, obwohl das Gewünschte darin auch immer funktionierte. Sie waren nicht perfekt verzweckt, sondern hatten und haben offene Strukturen.«[5]

2.2 Arbeit des Denkmalschutzes

Struktur und Arbeitsweise

Denkmalschutz ist ein öffentliches Anliegen in der Zuständigkeit der Bundesländer. Jedes Bundesland hat ein eigenes Denkmalschutzgesetz erlassen, in dem die Aufgaben und Ziele des institutionellen Denkmalschutzes sowie die Rechte und Pflichten der Denkmaleigentümer beschrieben sind. Die für den Denkmalschutz zuständigen Behörden sind in Fachbehörden und Vollzugsbehörden gegliedert. Zur Erfüllung von Denkmalschutz und Denkmalpflege werden von den Denkmalschutzbehörden alle hoheitlichen Aufgaben und von den Denkmalfachbehörden alle wissenschaftlichen Aufgaben wahrgenommen. Die Durchführung des Denkmalschutzgesetzes und damit auch alle die Baugenehmigung betreffenden Angelegenheiten obliegen der »Unteren Denkmalschutzbehörde«, die dazu die fachliche Abstimmung und das Einvernehmen mit dem »Landesamt für Denkmalpflege« (Denkmalfachbehörde) sucht.

Aufgaben und Ziele

Der staatliche Denkmalschutz dient dem Erhalt unserer Denkmäler. Die Denkmalschutzgesetze geben dazu in erster Linie organisatorische und verfahrenstechnische Hinweise. Zur Gewährleistung einer objektiven inhaltlichen Arbeitsweise wurden in der »Charta von Venedig«[6] allgemein anerkannte Grundsätze formuliert:

- Es sind Denkmäler aller sozialen Schichten und Epochen zu erhalten.
- Die Erhaltung ist nach den Grundsätzen der Wissenschaftlichkeit, Originalität und Reversibilität durchzuführen.
- Die Denkmäler sind einer angemessenen Nutzung zuzuführen.
- Bei unvermeidlichem Verlust ist eine Dokumentation in die Archive zu übernehmen.

Vorgehen und Abstimmung

Die Baudenkmäler in Deutschland befinden sich überwiegend in privater Hand. Erfolgreiche Denkmalpflege beruht auf der ständigen Anpassung an neue Nutzungsanforderungen bei möglichst geringem Verschleiß. Dazu gehört die Modernisierung von Wohngebäuden und auch die energetische Sanierung. Baugenehmigungen und bauordungsrechtliche Zustimmungen schließen auch die denkmalschutzrechtliche Genehmigung ein und bedürfen insoweit der Zustimmung der Denkmalschutzbehörde. Der Genehmigungsantrag ist mit allen für die Beurteilung des Vorhabens erforderlichen Unterlagen einzureichen. Die Denkmalschutzbehörden treffen ihre Entscheidungen im Einvernehmen mit der Denkmalfachbehörde. Die Arbeit am konkreten Bauvorhaben ist durch ein stufenweises Vorgehen gekennzeichnet. Schritt für Schritt werden die geplanten Eingriffe abgewogen und die anzustrebenden Ergebnisse für die Maßnahmen im jeweiligen Einzelfall entwickelt. Voraussetzung ist die genaue Kenntnis der Bau- und Nutzungsgeschichte sowie eine kulturgeschichtliche Einordnung und Bewertung des Baubestandes, die zu einer Definition des jeweiligen »Denkmalwerts« führen. Denkmal ist nicht gleich Denkmal – hier gilt der besondere Schutz der gründerzeitlichen Schmuckfassade, dort sind die original erhaltenen Raumstrukturen in einem alten Fachwerkhaus von besonderem Wert. Diese individuellen Denkmaleigenschaften bestimmen ganz wesentlich, welche Maßnahmen zur Modernisierung und Energieeinsparung möglich sind. Unerlässlich ist deshalb eine differenzierte Ausweisung von Bestandteilen und Bauteilen, die entweder substanziell unverzichtbar, ersetzbar, verzichtbar beziehungsweise zu entfernen sind. Eine derart wertende Differenzierung des Baudenkmals, die mit einem sturen Wertesystem nichts gemein hat, gibt Orientierung und Sicherheit für die Planung und handwerkliche Ausführung der Baumaßnahmen.

Zuschüsse und Steuererleichterung

»Der Denkmalschutz verlangt vom Eigentümer die Erhaltung seines Denkmals zugunsten der Allgemeinheit. Deshalb hat sich der Staat im Denkmalschutzgesetz verpflichtet, den Eigentümer eines Denkmals von den Kosten zu entlasten, die er über das übliche Maß der Unterhaltung seines Eigentums für denkmalpflegerische Maßnahmen aufbringen muß. Er soll und darf nicht schlechter gestellt sein als der Eigentümer eines ›normalen‹ Gebäudes gleicher Art und Größe. Zuschüsse und Beihilfen der Denkmalpflege sind also kein Almosen, sondern ein Rechtsanspruch, der unabhängig vom Vermögen des Eigentümers besteht. Der Staat kann Leistungen des Eigentümers nur im Rahmen des ›Zumutbaren‹ verlangen, den darüber hinausgehenden Betrag muß der Staat aufbringen. Freilich läßt die gesetzliche Formulierung ›im Rahmen ihrer Leistungsfähigkeit‹ die Höhe der finanziellen Verpflichtungen offen. Eine feste, prozentuale oder schematische Aufteilung der Lasten ist nicht vorgesehen. Vielmehr muß jeder Zuschuß in jedem Einzelfall über eine Zumutbarkeitsberechnung ermittelt oder ausgehandelt werden.« Man unterscheidet direkte Zuschüsse (Beihilfen) sowie indirekte Zuschüsse (Steuerabschreibung). »Wer direkte öffentliche Förderungen in Anspruch nimmt, muß bedenken, daß sie bei Auszahlung seinem steuerpflichtigen Einkommen zugerechnet werden und entsprechend zu versteuern sind. [...] Die Mehrzahl der Eigentümer wird somit auf die Steuerabschreibungsmöglichkeiten für Denkmäler verwiesen. [...] Die Höhe der Abschreibung ist von der Bausumme und den persönlichen Einkommensverhältnissen abhängig. Hier können nur die Finanzämter und die Steuerberater beraten.«[7]

2.3 Haustechnik gestern und heute

Die Nostalgietour mit der historischen Dampflok, die Stollenwanderung im alten Bergwerk – das kennt jeder. Das ist spannend, das ist greifbare Technikgeschichte. Doch wer interessiert sich für den Alltag in Heim und Hof, wer untersucht die Kulturgeschichte von Elektroherd, Wasserklosett und Waschmaschine? »Traditionell beschäftigt sich die Technikgeschichte mit der Technisierung der Produktion. Charakteristikum der neuen industriellen Welt waren Fabriken mit Arbeits- und Antriebsmaschinen und deren mobile und weltumgreifende Formen in den Verkehrs- und Kommunikationsnetzen. Parallel dazu und nicht weniger dramatisch verlief aber auch die Technisierung des häuslichen Lebens.«[8]

Die Anfänge reichen weit zurück. Das hohe kulturelle und technische Niveau im alten Rom führte im häuslichen Bereich zur Entwicklung von Wasserver- und -entsorgung bis zur Zentralheizung. Die folgenden Jahrhunderte brachten Stagnation und Verfall. Höhere Formen der Lebenskultur, insbesondere des Wohnens, konnten sich erst herausbilden, nachdem sich auch die Technik der häuslichen Wärmeversorgung ausreichend entwickelt hatte. Ein Sprichwort des 11. Jahrhunderts benennt die drei schlimmsten Übel eines Hauses: »Undichtes Dach, böse Frau und Hausrauch«. Jahrhunderte dauerte der Weg von der offenen Feuerstätte ohne Rauchabzug bis zum wärmegebenden Stubenofen mit Schornstein und Backröhre.

Ähnlich langsam verlief die Entwicklung der Sanitärtechnik. Überreste historischer Wasser- und Abwasserleitungen wurden in gut ausgebauten Städten der Zeit um 4000 vor Christus nachgewiesen. Die ältesten Anlagen in unseren Breiten finden wir in Burgen, Pfalzen, Schlössern und Klöstern, wobei es sich überwiegend um Abortanlagen handelt. Eigene Wasch- und Baderäume in den privaten Wohnungen entwickelten sich erst sehr spät. Die menschliche Hygiene war immer eng mit dem Heizen der Wohnungen verbunden, denn richtiges Waschen war nur in warmen Stuben möglich. In den Bürgerhäusern Ende des 19. Jahrhunderts finden sich neben der Toilette nun auch erstmals kleine separate Baderäume. In den Arbeiterwohnungen reinigten sich noch Ende der 1920er Jahre über 90 Prozent der Familien im Schlafzimmer oder in der Küche und in öffentlichen Badeanstalten. Die Badewanne aber war Mittelpunkt der Familienreinlichkeit, ein Beweisstück häuslicher Kultur, auch wenn ihr noch kein eigener Raum zugewiesen war.

Generell entwickelte sich die Haustechnik bis zur industriellen Revolution, der maschinellen Fertigung von technischen Produkten, nur sehr zögerlich. Unterstützt durch neue Erkenntnisse der Medizin zu Krankheitsübertragungen durch verseuchtes Trinkwasser oder durch Fäkalien, wurde sie nach 1850 zu einem festen Bestandteil im Hausbau. Im 20. Jahrhundert bedingten dann Industriearbeit und ihre Produkte einen umfassenden Wandel von privater Lebensweise und Lebensstil. Die Wohnung, das eigene Heim wurde der am meisten technisierte Bereich des Menschen. Treibende Kraft war die Entwicklung der Elektrizitätsversorgung, die erstmals Mitte der zwanziger Jahre zu einem Elektrifizierungsboom führte. Die Verbindung von Elektrizitätsversorgung und steigendem Wohlstand in breiten Bevölkerungsschichten führte in den fünfziger und sechziger Jahren zum Angebot und Einsatz einer Vielzahl von »Haushaltshilfen«. Die wichtigsten Funktionen wurden nach und nach elektrifiziert: Das Kochen, das Heizen, die Beleuchtung, die Hausmusik und alle Formen der Reinigung vom Aufwischen bis zum Geschirrspülen. Traditionelle haustechnische Arbeiten trennten sich immer mehr von ihren sinnlich-materiellen Erfahrungen im Vertrauen auf die Allmacht von Elektroantrieb und Regelkreis. Geradezu symbolisch steht dafür das Reinigen der Wohnungen, wobei es nun nicht mehr nötig ist, selbst »Hand anzulegen«, der Staubsauger bewahrt vor dem Dreckigwerden.

Eine weitere Etappe der Entwicklung scheint gerade stattzufinden mit dem massenhaften Einsatz von neuen Informations- und Kommunikationstechnologien. Das »intelligente Haus« wird uns täglich versprochen. Intelligenz in der Natur heißt Beschränkung auf das Notwendige, Intelligenz in der Gebäudetechnik heißt Einsatz von Sensoren und Regeltechnik, bis hin zum Heizkessel mit Internetanschluss. In Japan gibt es die ersten Toiletten mit integrierter Urinanalyse und Online-Verbindung zum Hausarzt. Nicht von ungefähr erleben wir zeitgleich eine gegenläufige Tendenz mit der Rückbesinnung auf bewährte und erlebbare Materialien und Techniken, von der Dämmung mit Lehm, dem Kachelofen und der heizenden Wand bis zur Komposttoilette.

2.4 Denkmalwerte technische Ausrüstungen

Historische Haustechnik kann selbst Kulturdenkmal sein. Das gilt vor allem, wenn sich komplette technische Ausstattungen erhalten haben, die stellvertretend für kulturgeschichtliche Entwicklungen stehen. Ohne Zweifel müssen solche seltenen Glücksfälle unverfälscht bewahrt werden. Doch leider hat Technikgeschichte nur eine kleine Lobby. Das Wissen über haustechnische Entwicklungen selbst der letzten Jahrzehnte und vor allem die direkt erlebbaren Beispiele gehen erschreckend rasch verloren. Über Aussehen und Funktion historischer Haustechnik kann man nur noch aus alten Fachbüchern etwas erfahren. So haben wohl mehr römische Abortanlagen bis heute überlebt, als solche aus dem 19. Jahrhundert. Die rasante Entwicklung der Technik vernichtet ihre eigenen Ursprünge.

Was sagt die Denkmalpflege?

»Historische gebäudetechnische Installationen sind Dokumente zivilisatorischer und technischer Entwicklung sowie des sozialen Status der Erbauer und Nutzer des Bauwerks. Angesichts der in neuerer Zeit sehr schnellen Entwicklung und Veränderung der Haustechnik kommt der Dokumentation und – wenn möglich – Erhaltung von Anlagen und Elementen besondere Bedeutung zu. Die Bemühungen, Kenntnisse und Erfahrungen stehen hier noch am Anfang.«[9]

Technische Denkmäler leben von ihrer Fähigkeit zur authentischen Funktion. Die volle sinnliche Erlebbarkeit erfordert insofern den tätigen Betrieb der Einrichtungen. Die »erhaltende Nutzung« bietet die bessere Anschaulichkeit und Rezeption, mitunter auch wirtschaftliche Vorteile gegenüber einer museal stillstehenden Präsentation. Erstes Ziel ist nicht die Konservierung von einzelnen Objektteilen, sondern der Erhalt der Funktionen als aussagefähiges Ganzes.

Altes nutzen und erhalten

In Wohngebäuden beschränken sich die geschichtlichen Spuren der Haustechnik meist auf spärliche Relikte: Einzelstücke wie Kachelöfen, Sanitärkeramik, alte Leitungen, Armaturen, Zählerkästen und Porzellanschalter oder auch bauliche Befunde, die bisweilen im Verlauf der Hausgeschichte überformt wurden, wie alte Feuerungen, Kamine, schwarze Küchen. Sie sollten gut dokumentiert und gesichert, schonend in neue Anlagen eingebunden oder auch als Befund gezeigt werden. Große Beachtung verdienen etwa die seit Mitte des 19. Jahrhunderts zunehmend in öffentlichen Gebäuden eingebauten, überaus anspruchsvollen

Wertvolle Hinweise für die Hausgeschichte liefert diese freigelegte alte Feuerung.

Küche einer Villa von 1878 nach der Sanierung 1993, mit weitgehend erhaltener originaler Haustechnik. In dem Gebäude sind heute Arbeitsräume einer öffentlichen Verwaltung untergebracht. Die alte Küche wird als Cafeteria genutzt, der eiserne Kochherd dient als Stehtisch.

Anlagen zur einer geregelten Heizung, Lüftung, mitunter sogar Klimatisierung. Grundlagen dieser Entwicklung waren die Fortschritte im Maschinenbau und in der Elektrotechnik sowie die Begründung der wissenschaftlichen Hygiene. Erster Anlass für die Verwendung von Raumlufttechnik waren denn auch gesundheitliche Aspekte, so die katastrophalen hygienischen Verhältnisse in vielen Kasernen oder Krankenhäusern, die zur Installation von Lüftungssystemen führten. Diese Anfänge der ingenieurtechnischen Klimasteuerung sind heute noch in einigen Theater- oder Versammlungsbauten erhalten und teilweise sogar noch in Funktion. Die Wirkungsweise der damaligen Anlagen entsprach mit den großen Kanälen und der geringen Luftgeschwindigkeit in wichtigen Prinzipien der heute aktuellen Quelllüftung. Im Hinblick auf diese Systemparallelen kann nur empfohlen werden, bei einer Sanierungsaufgabe den weiteren Betrieb und die Ergänzung der vorhandenen Anlage ernsthaft zu prüfen. Ein gelungenes Beispiel ist die Reaktivierung der historischen Lüftungsanlage im Corps de Logis der Wiener Hofburg (heute Völkerkundemuseum).[10]

Leitlinien für die Haustechnik 3

Da die Ansprüche an Hygiene und Wohnkomfort in den letzten Jahrzehnten enorm gewachsen sind, ist der haustechnische Standard heute ein wichtiger Beitrag zum Nutzwert eines Gebäudes. Höherer Wohnkomfort durch moderne Haustechnik darf jedoch nicht den Wert des Denkmals mindern. Man schätzt, dass bei einer üblichen Gebäudesanierung je Bauteil zwischen 40 % und 100 % der historischen Bausubstanz (historische Putze und Farbfassungen, Ausfachungen, Türen und Fenster usw.) verloren gehen. Verantwortlich dafür sind zwangsläufig auch die Gewerke der technischen Gebäudeausrüstung. Um so mehr, als sich die Haustechnik nicht auf den Erhalt und die Konservierung historischer Anlagen beschränken kann. Die technischen Installationen bereiten naturgemäß die meisten Probleme, sind die Letzten im Bauablauf, daher immer zu spät und brauchen dann noch die größten Löcher.

Bei Arbeiten am Baudenkmal gilt generell das Ziel, die Originalsubstanz möglichst bis in das Detail zu erhalten und das historische

Optische Beeinträchtigung des Gewölbegangs durch Leitungstrasse.

Erscheinungsbild zu bewahren. Für die haustechnischen Gewerke lassen sich daraus folgende Grundsatzforderungen ableiten:

- Sicherung des langfristigen Erhalts durch substanzgerechte Nutzung und angepasstes Raumklima
- Minderung der Verluste an Bausubstanz und Ausstattung durch Auswahl dauerhafter Systemlösungen und substanzschonender Installationsmethoden
- Vermeidung von ästhetischen Beeinträchtigungen.

Für die praktische Umsetzung dieser grundsätzlichen Forderungen können die folgenden Leitlinien eine Orientierung geben: [11]

- Sorgfältige Voruntersuchung und Bestandsaufnahme
- Prüfung der Reparaturmöglichkeit anstelle eines Ersatzes
- Erhaltung des historischen technischen Ausbaus und Bestandes
- Einsatz von denkmalerfahrenen Fachplanern und Handwerkern
- Beschränkung jeder Maßnahme auf das notwendige Ausmaß,
- Reversibilität der Maßnahme
- Erhaltung der Substanz und des Aussagewerts des historischen Ambientes durch die Auswahl geeigneter technischer Systeme und Installationen
- Denkmalgerechte Anwendung des Baurechts und technischer Regeln
- Dokumentation der Maßnahmen von der Ausgangssituation bis zur Fertigstellung.

Fernwärmeleitung vor gründerzeitlichem Fachwerkhaus.

Planung 4

Grundlagen 4.1

Die gebäudetechnische Sanierung historischer Bausubstanz erfordert eine qualifizierte ingenieurtechnische Planung, auch oder gerade weil es nicht um die komplette Neuinstallation geht, sondern um Auswechseln, Anpassen und Ergänzen. Wie immer im Altbau und Denkmal gilt dabei eine Grundregel: Zunächst am Bestand orientieren, schauen was da ist und wie es funktioniert. Dann behutsam verstärken und verbessern.

Grundsätze zur Planung

- Orientierung der Komfortbedürfnisse an baulichen Gegebenheiten.
- Exakte, angepasste Planung der Anlage bietet die größten Reserven für die Minimierung des Installationsaufwands und für die Vermeidung von Folgeschäden.
- Genaue Bedarfsberechnungen, keine pauschalen Sicherheitszuschläge.
- Voraussetzung sind aussagekräftige Dokumentationen des Baubestandes (Pläne M 1:50) mit sicheren und differenzierten Aussagen zur Wertigkeit der historischen Substanz.
- Praktische Umsetzbarkeit der Planung beachten, keine unnötig schwierige Leitungsführung; einfache Bedienung und Wartung sind bei der Planung bereits zu berücksichtigen.
- Besondere Aufmerksamkeit ist der Standsicherheit der Bausubstanz, vor allem der Tragfähigkeit der Decken, dem Brand-, Schall- und Feuchteschutz sowie der formalen Eingliederung der TGA zu widmen.

Um diese Forderungen in die Baupraxis umzusetzen, kommt der konzeptionellen Entscheidung über die Art des Systems maßgebliche Bedeutung zu. Die Auswahl der Technik wird wesentlich beeinflusst vom Nutzungs- und Raumkonzept. Ein guter Entwurf des Architekten mit Vermeidung von Über- und Fehlnutzungen ist die erste Voraussetzung für eine dem Bauwerk angemessene Haustechnik! Das soll kein Freispruch für den Fachplaner sein. Im Gegenteil: Der Altbau, insbesondere ein Baudenkmal, erfordert nicht nur unkonventionelle technische Lösungen, sondern auch neue Formen der Zusammenarbeit von Bauherr, Architekt, Fachingenieur und Handwerker. Die Abstimmung untereinander muss viel intensiver und frühzeitiger erfolgen als bei Neubauten. Vor allem unter dem Gesichtspunkt des Platzbedarfs sind bauliche Grundsatzentscheidungen häufig erst nach dem Entwurf von gebäudetechnischen Detaillösungen möglich. Wie wäre es, wenn der Architekt dem TGA-Planer/Installateur die »leeren« Pläne zum Einzeichnen der benötigten Flächen gibt? Selbst die Klärung der genauen handwerklichen Umsetzung kann mitunter den Ausschlag für oder gegen generelle bauliche Konzeptionen oder Nutzungsmöglichkeiten geben. Eine überzeugende Lösung ist daher gleichermaßen von den fachlichen Fähigkeiten wie auch von der Kompromissfähigkeit der Beteiligten abhängig.

Die »integrierte Planung« ist ein Schlagwort unserer Zeit. Was man oft genug wiederholt, wird irgendwann nicht mehr hinterfragt und verkommt zur bloßen Hülse. Integrierte Planung und Ausführung im Denkmal heißt nicht Einsatz des neuesten DDC-Systems mit mikroprozessorgesteuerten Regelstrecken. Sondern vielmehr: Die Integration aller Fachdisziplinen in ein Gesamtkonzept und die Bearbeitung aller Planungsaspekte in der Reihenfolge von Ursache und Wirkung. Es hat keinen Sinn, die Wände und Fenster, die Heizungs-, Lüftungs- und Sanitäranlagen jeweils für sich zu entwerfen, zu berechnen und zu optimieren. Nicht die Abarbeitung von exakt definierten Einzelvorgaben, sondern ein funktionierendes Ganzes sollte das Ziel sein. Das setzt voraus, einen Grundsatz zu akzeptieren: Alte Häuser haben einen Vorteil. Sie haben bereits seit Jahrhunderten gezeigt, dass sie »funktionieren«. Diesen Beweis müssen neue Techniken und Produkte erst noch liefern.

4.2 Schadensursachen

Wie die Praxis zeigt, sind die Ursachen vieler Sanierungsschäden in nicht eindeutig gefassten Aufgabenstellungen, in der Unkenntnis der konkreten Situation am Gebäude, in unzureichender Detailplanung oder im Mangel an Verständigungsbereitschaft zwischen den jeweiligen Fachdisziplinen zu finden. Zeit- und Finanzzwänge, häufig auch engstirniges Fachdenken und geringe Flexibilität behindern den nötigen Informationsfluss. Am Baudenkmal ist jedoch jeder neue Wanddurchbruch eine nicht umkehrbare Veränderung des Denkmals als Zeitdokument und führt zu einer Minderung seines Werts. Für die Planung gilt daher: Variieren am Entwurf erspart Probieren am Bauwerk! Die erste Wahl muss nicht immer die beste sein. Die Lösungsfindung erfordert einen höheren Planungsaufwand als bei Neubauten, um das gründliche Erfassen der

Objekteigenheiten und das Abwägen verschiedener Varianten zu ermöglichen.

Die Bereiche »Planung« und »Ausführung« sind in etwa gleichem Maß verantwortlich für Bauschäden. Besonderes Gewicht kommt daher im Altbau und vor allem auf der Denkmalbaustelle der Bauleitung zu. Viele unnötige Pannen können durch die exakte Abstimmung der einzelnen Gewerke und die gegenseitige Rücksichtnahme vor Ort vermieden werden. Die Ignoranz der Unternehmer für Folgearbeiten am Bau behindert die Durchsetzung von Qualitätsstandards. Schlecht sind übereilte Entscheidungen auf der Baustelle, die der Installateur treffen muss, da die Planung fehlt oder nicht umsetzbar ist. Die »Detailplanung« dem Handwerker zuzuschieben, um Zeit und Kosten zu sparen, kann nicht gutgehen. Ein typischer Fall: Die Unterzüge von Balkendecken werden nachträglich durch den Statiker verstärkt, eine Information des TGA-Planers und der Fachfirma erfolgt nicht. Da sich die ursprüngliche Planung der Leitungsführung nicht mehr realisieren lässt, müssen die Leitungen verzogen und verkröpft werden. Nun ist es allein von der Fachkenntnis und Flexibilität der Installateure vor Ort abhängig, ob trotzdem eine technisch und formal befriedigende Lösung erreicht wird.

Tabelle 1 Bauliche Schäden nach Sanierung der Haustechnik (nach Preißler, Schlapmann[12])

Haustechnische Maßnahmen	**Mögliche Schäden an der Bausubstanz**
Umstellung von Kohle- auf Gas- oder Ölheizung	Versottung von Kaminen durch niedrige Abgastemperaturen
Aufstellen von Heizkesseln	Örtliche Überlastung von Geschossdecken
Anbringen von Geräten und Objekten an Wänden	Örtliche Überlastung von Wänden (Herausreißen)
Stemmen von Heizkörpernischen	Querschnittsreduzierung, Tragfähigkeitsminderung, Wärmeverluste
Verlegen von Wasser- oder Abwasserleitungen in Deckenhohlräumen	Durchfeuchtung/Fäulnis/Pilzbefall bei Holzbalkendecken infolge Undichtheiten, Kondensatgefahr, Schallübertragung
Anordnung von Deckendurchbrüchen	Minderung von Schallschutz und Brandschutz
Ausbildung von Schlitzen im Deckenputz	Gefahr der Ablösung von Putzflächen
Schlitze und Aussparungen in Wänden	Beeinträchtigung von Tragfähigkeit, Schallschutz, Wärmeschutz, Brandschutz

Haustechnische Maßnahmen	Mögliche raumklimatische Folgen
Ersatz von Einzelofenheizung durch Etagen- oder Zentralheizung	• Erhöhung der mittleren Raumtemperatur • Wahrscheinlich: Verringerung der Raumluftfeuchte, Gefahr von Schwindrissen, zum Beispiel an Ausstattungsteilen aus Holz
Fensterabdichtung oder Fensterauswechslung	• Erhöhung der Raumluftfeuchte; Schimmelbildung an kalten Oberflächen • Wohnphysiologie: Reduzierung von Klimareizen
Erstinstallation einer Heizung	• Grundsätzlich: Verringerung der Raumluftfeuchte; Gefahr von Schwindrissen s. o. • Kristallisation von Salzen (Ausblühungen) Verstärkung der Thermik: erhöhte Staubverwirbelung • Verringerung oder Vermeidung von • Kondensation • Frostschutz
Einbau oder Erweiterung von Sanitärräumen	• Erhöhung der Raumluftfeuchte, Gefahr von Schimmelpilzbildung an kalten Oberflächen; • starke Gefahr der Schwammbildung bei Verzicht auf Abdichtungsmaßnahmen und unzureichender Lüftung

Tabelle 2 Raumklimatische Folgen nach Sanierung der Haustechnik (nach Preißler, Schlapmann[13]).

Durchfeuchtung und Versottung im Innenbereich.

Die Ingenieurleistungen der Technischen Gebäudeausrüstung beruhen auf den Leistungsphasen 1 bis 9 der Honorarordnung für Architekten und Ingenieure (HOAI), § 73. Bei Maßnahmen an Baudenkmälern ist es günstig, die Inhalte der Leistungsphasen im Voraus weiter zu differenzieren und auf mögliche Konfliktstellen hinzuweisen. Das kann mit Hilfe von Checklisten erfolgen, die sich an den HOAI-Leistungen orientieren und Hinweise auf spezielle Anforderungen und Beschränkungen, unbedingt erforderliche Abstimmungen, gesetzliche Grundlagen und anderes mehr geben. Beispiele dazu liefert ein Arbeitsblatt des ZHD Fulda.[14] Ein erster Effekt von Checklisten und Ablaufdiagrammen ist es, »nichts Wichtiges zu vergessen«. Der ständige Informationsfluss zwischen den verschiedenen Disziplinen ist für den Erfolg wichtiger als die analytische Tiefe der einzelnen Fachplanung. Auf der Grundlage von Bestandsaufnahme, Arbeitsprogramm und Zieldefinition kann der Ablaufplan frühzeitig für das Projekt entwickelt, die benötigten Fachleute können ermittelt und deren Aufgaben festgelegt werden.[15]

Die Güte des Entwurfs wird letztlich am Ergebnis der installierten Anlage gemessen. Damit der für Bestandsaufnahme und Vorplanung geforderte Mehraufwand nicht nutzlos verpufft, muss der hohe Qualitätsanspruch in jedem weiteren Planungsschritt beibehalten werden. Vor allem die Informationsübergabe an den Schnittstellen zwischen Planern und Handwerkern soll ohne Reibungsverluste funktionieren. Für die qualifizierte Vergabe ist die sorgfältige Beschreibung der Leistungen unumgänglich, um einen gerechten und verbleichbaren Preis ermitteln zu können. Es ist letztlich die Entscheidung des Bauherrn, ob er dem billigsten Anbieter der Leistung den Zuschlag erteilt oder lieber dem, der seine Leistung wirklich auskömmlich anbietet. Allerdings: Die hier geforderte Qualität der Ausführung, die Behutsamkeit und fachliche Erfahrung kann nach menschlichem Ermessen nicht vom billigsten Bieter erbracht werden. Das sollte auch den öffentlichen Entscheidungsträgern, die Aufträge zur Denkmalsanierung vergeben, bewusst sein, einschließlich der überwachenden Prüfinstitutionen. In der Denkmalpflege ist die beschränkte Ausschreibung nach öffentlichem Teilnahmewettbewerb, möglichst mit denkmalerfahrenen Bietern, die geeignete Vergabeform. Im Rahmen des Teilnahmewettbewerbs hat der Bauherr die Möglichkeit, die Eignung der Bieter zu prüfen. Dies kann anhand von Referenzprojekten erfolgen, aber auch durch nachgewiesene Qualifizierungsmaßnahmen.

Projektablauf nach VDI Richtlinie 3817 »Technische Gebäudeausrüstung in denkmalwerten Gebäuden«

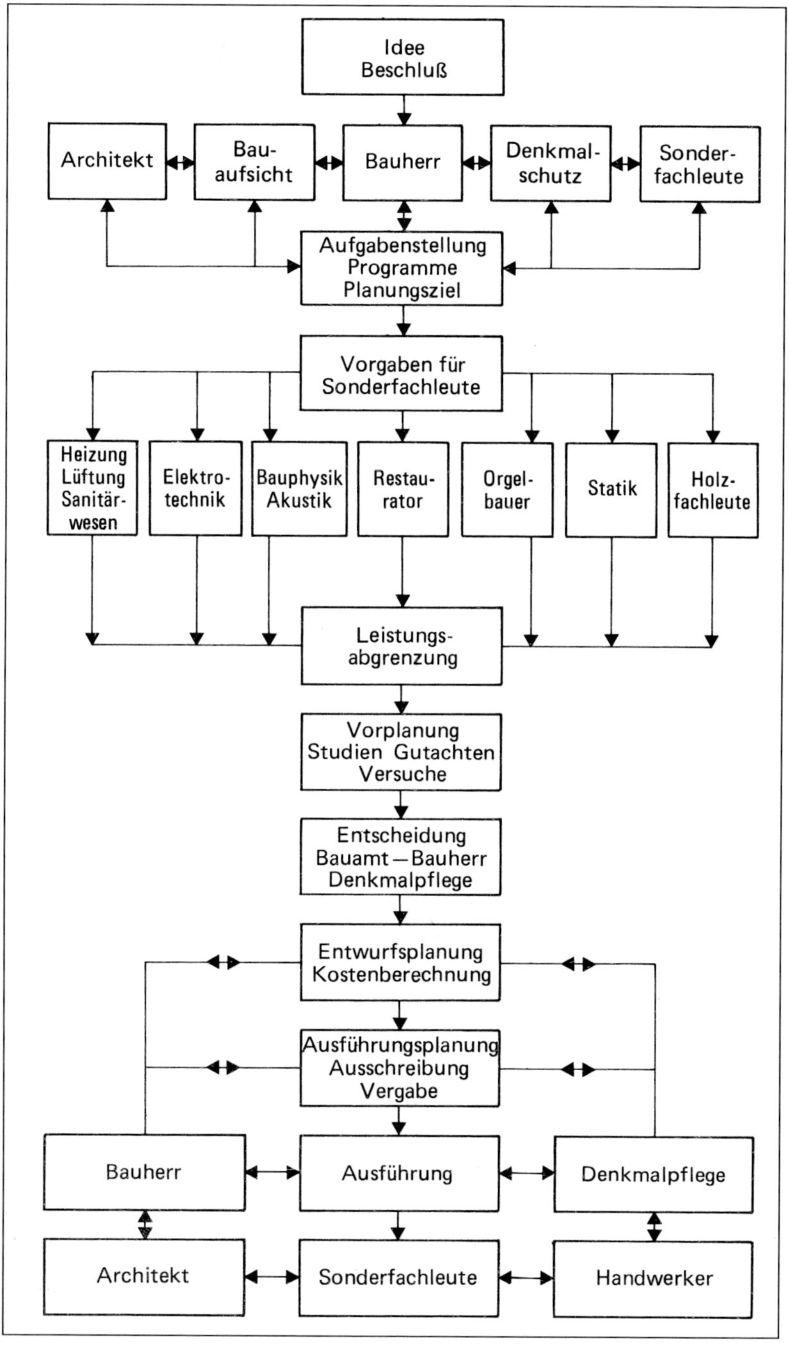

Hinweise zur Leistungsbeschreibung

- Detaillierte Beschreibung der auszuführenden Arbeiten zur Kalkulation der realen Aufwendungen, Berücksichtigung von Vor- und Folgearbeiten.
- Genaue Vorgabe von Befestigungs- und Montagetechniken, Vermeiden offener Flammen beziehungsweise Einrichtung einer Brand wache.
- Art und Größe der zu erstellenden Durchbrüche und Bohrungen mit Beschreibung der Ausführungstechnik, Einsatz bestimmter Bauwerkzeuge.
- Vorgaben zur Vorfertigung außerhalb des Gebäudes und zur Anpassung von Komponenten und Standardgeräten auf die örtlichen Verhältnisse.
- Vorgabe der maximal zulässigen Gerätegröße, entsprechend der zur Verfügung stehenden Einbringöffnung am Bau (Türen, Treppen usw.).
- Ergänzung der Leistungsbeschreibung durch zeichnerische Darstellungen zur Veranschaulichung von Sonderanfertigungen, Anordnung, Trassenführung usw.

Heizungsinstallation in einer der ältesten Kirchen Deutschlands. Die mittelalterlichen Säulen sind völlig ungeschützt.

- Hinweise auf Maßnahmen, die über die normale Sorgfaltspflicht des Auftragnehmers hinausgehen, zum Beispiel Schutzmaßnahmen für Bau- und Ausstattungsteile
- Notwendigkeit eines Vor-Ort-Termins der Bieter vor Abgabe des Angebots zur Klärung der objektspezifischen Verhältnisse

4.4 Kosten und Honorierung

Generell können zeit- und kostspielige Planungsfehler durch ein methodisches Vorgehen reduziert werden. Jedoch hat jedes Schema seine Grenzen und jedes Gebäude sein Eigenleben. Selbst bei hinreichender Erfahrung und Flexibilität der Planer ist ein höherer Bearbeitungsaufwand nötig und dementsprechend eine höhere Vergütung gerechtfertigt. Die Honorarordnung unterstützt weder das energiesparende noch das denkmalgerechte Bauen in ausreichender Weise. Da sich die Honorare in Abhängigkeit von der Bausumme errechnen, besteht zunächst wenig Veranlassung, die langfristig energieeffektivste oder bestandschonendste Lösung zu wählen.

TGA-Planung im und am Denkmal bedeutet vor allem Detailarbeit in einer den Planern kaum noch geläufigen Tiefe und Qualität. Diese Leistung muss angemessen honoriert werden. Die Regelungen in der Honorarordnung (HOAI) sind nicht eindeutig. Ähnlich der Honorierung von Architektenleistungen kann ein Zuschlag für Umbau und Modernisierung, der so genannte »Umbauzuschlag«, bis zu 50 Prozent der Honorarsumme gewährt werden, der den erhöhten Aufwand für Planung und Bauüberwachung ausgleichen oder zumindest auffangen soll. Freilich bezieht sich § 76 (Umbau, Modernisierung) der HOAI auf »mitzuverarbeitende Altbausubstanz«, was im engen Sinne, etwa der Einbeziehung alter Lüftungskanäle, bei der TGA selten zutrifft. Aus den bisherigen Erläuterungen geht jedoch hervor, dass bei Neuinstallationen die Berücksichtigung und die Bewahrung des bestehenden Bauwerks das zentrale Problem darstellen. In diesem Sinne kann von einer »Mitverarbeitung« gesprochen werden, die gesondert honoriert werden sollte. Damit ist eine faire, partnerschaftliche Arbeitsgrundlage gegeben, die sich erfahrungsgemäß in hoher Arbeitsqualität niederschlägt. Eine eindeutige Abgrenzung von Grundleistungen und zusätzlichen besonderen Leistungen, zum Beispiel Gutachten und Versuchen, ist notwendig. Besondere Leistungen bedürfen der schriftlichen Vereinbarung und werden nach freier Verabredung vergütet.

Nach dem geltenden Baurecht genießen Baudenkmäler Bestandsschutz, sofern sie nicht wesentlich verändert werden und die Sicherheit von Leib und Leben gewährleistet ist. Bei größeren Veränderungen und insbesondere bei Umnutzungen kann eine Anpassung an das geltende Baurecht verlangt werden, unter der einschränkenden Voraussetzung, dass eine konkrete Gefahr für die Sicherheit oder die Gesundheit der Benutzer des Baudenkmals vorliegt. Die Anpassung muss nicht unbedingt zur vollständigen Übereinstimmung mit den derzeit geltenden Vorschriften führen. Die baurechtlichen Grundsätze gelten auch für diese haustechnischen Installationen aller Gewerke.

Die Gesetze, Vorschriften, Richtlinien und Normen sind überwiegend auf die Erfordernisse des Neubaus ausgerichtet. Die daraus sich ergebenden technischen Standards und Sicherheitsanforderungen sind mit den baulichen Voraussetzungen im Altbau und mit den denkmalschutzrechtlichen Anforderungen häufig nicht vereinbar. Um Sanierungsschäden und Beeinträchtigungen des historischen Erscheinungsbildes zu vermeiden, sind die Planer verpflichtet, auf Widersprüche dieser Art hinzuweisen und gegebenenfalls fachlich fundierte Alternativlösungen anzubieten.

Ausnahmen und Befreiungen von den Baugesetzen, Abweichungen von den Normen sind in begründeten Fällen möglich und in den Landesbauordnungen auch ausdrücklich vorgesehen. Es ist daher bei jeder Maßnahme zu prüfen, wie der Denkmalcharakter erhalten und gleichzeitig die notwendige Sicherheit der Gebäude gewährleistet werden kann. Um das Denkmal zu bewahren, sollten geringe Komfort- oder Nutzungsbeschränkungen akzeptiert werden, beispielsweise durch die Unterschreitung von Norm-Innentemperaturen an sehr kalten Tagen. Hierzu bedarf es stets einer frühzeitigen, auf den jeweiligen Einzelfall bezogenen Klärung mit der zuständigen Denkmalschutzbehörde, der Bauaufsichtsbehörde und dem Bauherrn. Die Ausnahmeregelungen können nur dann nicht zur Anwendung kommen, wenn Leben und Gesundheit von Menschen gefährdet werden.

Der in der Systematik des Baurechts verankerte Bestandsschutz gilt grundsätzlich auch für die Anlagen der technischen Gebäudeausrüstung. Die Einhaltung der in den Bauordnungen vorgeschriebenen Standards trifft also zunächst nur die neu einzubauenden Komponenten. Werden allerdings Teile einer funktionalen Gesamtanlage ersetzt oder ergänzt, etwa bei der Neuinstallation von mehreren Stromkreisen für eine Wohnung, so sind auch für den Rest der Anlage mit Anschluss, Zähler und Verteilung die aktuellen Vorschriften und Regelwerke verbindlich.

Die Anforderungen der Heizungsanlagenverordnung sind in der Regel auch im Baudenkmal einzuhalten. Im Einzelfall kann es jedoch auch hier nötig sein, von den Vorschriften abzuweichen. So sollte etwa zugunsten des Erhalts einer Wandtäfelung auf die vorgeschriebene Mindestdicke der Dämmung von Heizleitungen verzichtet werden.

Die Anforderungen der Wärmeschutzverordnung 1994 haben im Prinzip auch für die Sanierung von Altbauten Gültigkeit, sofern »Außenbauteile erstmalig eingebaut, ersetzt oder erneuert werden«. Es sind dann maximal zulässige Höchstwerte für die Wärmedurchgangskoeffizienten (k-Wert) der Bauteile einzuhalten. Gegenüber der alten Wärmeschutzverordnung ist in der Novellierung von 1994 der Anwendungsbereich erweitert worden. Danach beziehen sich die Vorschriften nicht mehr ausschließlich auf den Ersatz von verschlissenen Bauteilen, sondern unter Umständen auch auf völlig intakte Bereiche. So ist nach dem Anbringen einer Innenbekleidung oder Vorsatzschale die betreffende Wand gemäß den Vorschriften zu dämmen. Um Schäden an der Substanz zu vermeiden oder Beeinträchtigungen des Erscheinungsbildes zu verhindern, ist daher in vielen Fällen von der Ausnahmemöglichkeit (Paragraph 11) Gebrauch zu machen. »Die nach Landesrecht zuständigen Stellen lassen auf Antrag für Baudenkmäler oder sonstige besonders erhaltenswerte Bausubstanz Ausnahmen von dieser Verordnung zu, soweit Maßnahmen [...] die Substanz oder das Erscheinungsbild des Baudenkmals beeinträchtigen [...]«[16] Diese Ausnahmen können bis auf das Anforderungsniveau der bauaufsichtlich eingeführten DIN 4108 »Wärmeschutz im Hochbau« zugelassen werden; bei weiteren Unterschreitungen sind Ausnahmen nach Landesbauordnung von dieser öffentlich-rechtlichen Bauvorschrift möglich.

Auch die den DIN-Normen und Verordnungen zugrunde liegenden rechnerischen Nachweisverfahren sind in der Regel für den Neubau entwickelt. Für den Altbau und insbesondere für das Baudenkmal sind sie mitunter nicht flexibel genug. Wie die Praxiserfahrung zeigt, ist etwa der Dampfdiffusionsnachweis nach DIN 4108 »Wärmeschutz im Hochbau« als alleiniger Maßstab zur Feuchtebewertung einer alten Fachwerkwand nicht ausreichend. Daher können sowohl Aufbauten praxistauglich sein, die nach der Berechnung unzulässig sind, als auch Aufbauten schadensanfällig sein, die nach der Berechnung zulässig sind.

Generell sollten Architekt und TGA-Planer gemeinsam nach einem objektangepassten Konzept für die Energieeinsparung suchen. Bauliche und anlagentechnische Maßnahmen müssen sich ergänzen. Ist es etwa bei einer Wand mit äußerem Sichtfachwerk und Farbfassung auf dem alten Innenputz nicht möglich, zusätzliche Dämmmaßnahmen vorzusehen, so kann durch besonders effiziente Heiztechnik diese Schwachstelle etwas ausgeglichen werden. Es bleibt abzuwarten, ob der Gesetzgeber mit der bevorstehenden Energieeinsparverordnung (ENEV) diesen Weg unterstützen wird. Grundsätzlich ist die dort vorgesehene weiträumige Bilanzierung des Heizenergiebedarfs zu begrüßen.

Ein »heißes« Thema ist die Abwägung zwischen Brandschutz und Denkmalschutz. Zu Recht besitzt der Schutz menschlichen Lebens einen hohen Stellenwert in der Gesetzgebung. Andererseits führen die geforderten baulichen und technischen Maßnahmen, wie etwa die Unterteilung in Brandabschnitte, die Erhöhung der Feuerwiderstandsfähigkeit von Decken und Wänden, der Einbau automatischer Löschanlagen und Rauchabzugsanlagen, zu einer starken Störung des Denkmals. Gesucht sind Kompromisslösungen, die im Rahmen eines Gesamtkonzeptes ausreichende Sicherheit im Sinne des Baurechts bieten und das Denkmal schonen.

So werden in vielen Fällen bestimmte Defizite des vorbeugenden Brandschutzes für einzelne Funktionsbereiche (z. B. Rettungswege) oder einzelne Bauteile (z. B. Feuerwiderstandsdauer von Deckenkonstruktionen) durch ergänzende Maßnahmen kompensiert (z. B. Brandmeldeanlagen). Bei diesen Maßnahmen sollte die Höhe der Aufwendungen im richtigen Verhältnis zum Wert der zu schützenden Objekte stehen. Oft kann schon mit einer einfachen, kostengünstigen Lösung der Brandschutz deutlich verbessert werden. Erhebliche Bedeutung kommt dabei einem präventiven Brandschutzkonzept zu. Dazu zählen alle Maßnahmen, welche die Ausbreitung von Brand und Rauch auf den Entstehungsbereich beschränken, die Rettung von Menschen gewährleisten sowie der Feuerwehr Möglichkeiten zur effektiven Brandbekämpfung bieten.

Mit der VDI-Richtlinie 3817 liegt eine technische Regel vor, die sich mit der »Technischen Gebäudeausrüstung in denkmalwerten Gebäuden« befasst. Es werden Erläuterungen zur Vorgehensweise und zu Planungs- und Installationsgrundsätzen gegeben.

5 Installationen und Bauwerk

5.1 Bestandserfassung und Bestandsbewertung

5.1.1 Typische Bauweisen und Modernisierungsbedarf[17]

Gebäude aus bestimmten Baujahresgruppen weisen Konstruktionstechniken auf, die in der Erstellungszeit üblich waren. In Verbindung mit der bis heute erfolgten Bauteileabnutzung ist es möglich, bestimmten Konstruktionen der verschiedenen Altersstufen der Gebäude typische Schäden und Mängel zuzuordnen, die erfahrungsgemäß an diesen Bauteilen und Anlagen auftreten. Um gezielt typische Schadensmöglichkeiten untersuchen zu können, ist die Kenntnis der zeitspezifischen Konstruktionstechniken sehr wichtig. Die Tabelle 3 zeigt hierzu wesentliche Ausführungsarten auf und bestimmt bauzeitspezifische Konstruktionen, Bauteile und Anlagen. Für die Zeit vor 1890 ist eine derart strenge Klassifizierung aufgrund der großen Vielfalt an Konstruktionen und der kaum entwickelten Bauteilnormung nicht sinnvoll.

Typische Konstruktionen und Bauteile in Wohnhäusern	**1890–1920**	**1920–1930**	**1930–1940**	**1950-1960**	**1960-1970**	**1970-1980**
1. Außenwände						
Keller 51 cm Ziegel	x	x	x			
Keller 38 cm Ziegel				x	x	x
Keller 38 cm Stampfbeton			o	x		
Keller 30 cm Stahlbeton					x	x
Geschosse 38 cm Ziegel	x	x	x			
Geschosse 30 cm Ziegel			o	o	x	
Geschosse 25 cm Bimsbetonstein				x		
Geschosse zweischalig					o	x
2. Innenwände in Wohnungen:						
12 cm Ziegel mit Fachwerk	x	x	x	o		
6–10 cm Bimsplatten		o	x	x	x	x
11,5 cm Ziegel/Kalksandstein					x	x

Typische Konstruktionen und Bauteile in Wohnhäusern	**1890–1920**	**1920–1930**	**1930–1940**	**1950-1960**	**1960-1970**	**1970-1980**
Wohnungstrennwände:						
25 cm Ziegel	o	o	o			
12 cm Ziegel	x	x	x	x		
18–25 cm Bimsbetonstein			o	x		
24 cm Ziegel/Kalksandstein					x	x
Treppenhauswände						
25 cm Ziegel	x	x	o	o		
12 cm Ziegel	o	o	x			
18–25 cm Bimsbetonstein				x		
24 cm Ziegel/Kalksandstein					x	x
3. Außenwandbekleidungen						
Stuckfassaden	x	o				
Glatte Putzfassaden		x	x	x	x	
Ziegelsichtmauerwerk	o	x	x	x	x	
Vormauerung mit/ohne Dämmung					o	x
Vorgehängte Platten mit/ohne Dämmung					o	x
Thermohaut						o
4. Fenster						
Holzfenster, Einfachglas	x	x	x	x	x	
Holz-Doppelfenster	o	o	o			
Holzfenster, Isolierglas					o	x
Kunststofffenster, Isolierglas					o	x
Aluminiumfenster, Isolierglas						x
5. Dachkonstruktion, Eindeckung						
Holzdachstuhl	x	x	x	x	x	x
Tonpfannendeckung	x	x	x	x	o	o
Betondachsteine					x	x
Folie/Pappe unter Dachhaut				o	x	x
Bitumenpappeindeckung	o	o	x	x	x	o
Kunststoffbahneindeckung					o	o
Wärmedämmschichten im Dach					o	x

Typische Konstruktionen und Bauteile in Wohnhäusern	1890–1920	1920–1930	1930–1940	1950-1960	1960-1970	1970-1980
6. Geschossdecken						
Holzbalkendecken, Sandfüllung	x	x	o	o		
Ziegelkappendecken, Stahlträger	o	o				
Stahlträger-Betondecken		o	o	o		
Stahlbetondecken			x	x	x	x
Deckenputz:						
Auf Holz-Spalierplatten	x	x	o	o		
Auf Holzfaserdämmplatten				o		
als Verbundputz		o	x	x	x	x
als Trockenputzplatten					o	x
7. Fußböden						
Holzdielen auf Tragbalken	x	x	o	o		
Holzdielen auf Massivdecken	o	o	o	o		
Verbundestrich			x	x	x	
Schwimmender Estrich, Dämmung				o	o	x
Fliesenbeläge			o	x	x	x
Teppichbeläge				o	x	x
Kunststoffbeläge				o	x	x
Linoleum		o	x	o	o	
8. Geschosstreppen						
Holztreppen	x	x	o	o		
Stahlbetontreppen		o	x	x	x	x
Kellertreppe aus Holz,	x	x				
Kellertreppe aus Beton			x	x	x	x
Kellertreppe gemauert	o	o	o			
Holzgeländer	x	x	o	o		
Metallgeländer			x	x	x	x
9. Sanitärinstallation						
WC auf Treppenpodest	x					
WC in der Wohnung	o	x	x	x	x	x
Waschtisch in der Wohnung	x	x	x	x	x	x
Badewanne in der Wohnung		o	x	x	x	x
Kaltwasseranschluss	x	x	x			
Kohleboiler für Warmwasser			o	x	o	

Typische Konstruktionen und Bauteile in Wohnhäusern	1890–1920	1920–1930	1930–1940	1950-1960	1960-1970	1970-1980
Gasdurchlauferhitzer				o	x	x
Elektrodurchlauferhitzer					o	x
10. Heizung						
Einzelofenheizung	x	x	x	x		
Kohle-Zentralheizung			o	o	o	
Öl-Zentralheizung					x	x
Gas-Einzelöfen					o	
Gas-Zentralheizung					o	x
Gas-Etagenheizung						o
Fernwärmeheizung					o	o
11. Elektroinstallation						
Geringe Leitungsquerschnitte	x	x	x	x		
Leitungen auf Putz	x	x				
Leitungen unter Putz		o	x	x	x	x
Auf-Putz-Dosen/Schalter	x	x				
Unter-Putz-Dosen/Schalter			x	x	x	x
Drehsicherungen zentral	x	x	x	x	o	
Sicherungsautomaten					x	x
Wohnungs-Unterverteilungen					o	x

Tabelle 3
Bauzeit spezifische Ausführunge
x = hauptsächlich
o = auch anzutreffen

Typische Schadenspunkte verschiedener Baualtersstufen

Baujahr: 1890–1920

Dach

- Baufällige Kaminköpfe über Dach
- Versottung der Kaminzüge

Sanitärinstallation

- Unbrauchbare, schadhafte Wasser- und Entwässerungsleitungen
- Zugesetzte, verstopfte Abwassergrundleitungen im Kellerboden
- Unterdimensionierter Wasser- und Kanalanschluss
- Unbrauchbare Einrichtungsgegenstände für Bad, WC und Küche

Heizungsanlage

- Einzelofenheizung an zahlreichen Kaminzügen für Kohle, Heizöl, Gas
- Unterdimensionierte Hausanschlüsse für Gas
- Überdimensionierte, gemauerte Kaminzüge mit Versottungsgefahr

Elektroinstallation
- Unbrauchbare Elektroleitungen, Dosen, Schalter und Brennstellen
- Unbrauchbare Absicherunqen, Verteilungen und Unterverteilungen
- Unterdimensionierter Elektro-Hausanschluss

Baujahr: 1920–1930
Dach
- Schadhafte Dachrinnen, Fallrohre und Dachanschlüsse
- Schäden an Verfugung oder Verputz von Kaminköpfen

Sanitärinstallation
- Unbrauchbare und schadhafte Wasser- und Entwässerungsleitungen
- Zugesetzte, verstopfte Abwassergrundleitungen im Keller
- Unterdimensionierter Wasser- und Kanalanschluss
- Unbrauchbare Einrichtungsgegenstände für Bad, WC und Küche

Heizungsanlage
- Einzelofenheizung an zahlreichen Kaminzügen für Kohle, Heizöl, Gas
- Unterdimensionierte Hausanschlüsse für Gas
- Überdimensionierte, gemauerte Kaminzüge mit Versottungsgefahr

Elektroinstallation
- Unbrauchbare Elektroleitungen, Dosen, Schalter und Brennstellen
- Unbrauchbare Absicherungen, Verteilungen und Unterverteilungen
- Unterdimensionierter Elektro-Hausanschluss

Baujahr: 1930–1940
Dach
- Fehlende Wärmedämmung der Decken im Dachraum und der Dachflächen gegen die Außenluft
- Schadhafte Dachrinnen, Fallrohre und Dachanschlüsse
- Schäden an Verfugung oder Verputz von Kaminköpfen

Sanitärinstallation
- Schadhafte Wasser- und Entwässerungsleitungen
- Zugesetzte, verstopfte Abwassergrundleitungen im Keller
- Unterdimensionierter Wasser- und Kanalanschluss
- Erneuerungsbedürftige Einrichtungsgegenstände für Bad, WC, Küche
- Fehlende Warmwasserbereitung für Badezimmer

Heizungsanlage
- Einzelofenheizung an zahlreichen Kaminzügen für Kohle, Heizöl ,Gas
- Unterdimensionierte Hausanschlüsse für Gas
- Überdimensionierte, gemauerte Kaminzüge mit Versottungsgefahr

- Zentralheizungen mit erneuerungsbedürftigen Wärmeerzeuger und Heizflächen
- Heizungsrohrleitungen überdimensioniert, da für Schwerkraftanlagen ausgelegt
- Heizungsrohrleitungen teilweise verstopft
- Fehlende neuzeitliche Regeleinrichtungen für die Heizungsanlage

Elektroinstallation
- Erneuerungsbedürftige Elektroleitungen, Dosen, Schalter, Brennstellen
- Erneuerungsbedürftige Absicherungen, Verteilungen, Unterverteilungen
- Unterdimensionierter Elektro-Hausanschluss

Baujahr: 1950–1960

Dach
- Fehlende Wärmedämmung der Dachflächen gegen Außenluft
- Schadhafte Dachrinnen, Fallrohre und Dachanschlüsse
- Schäden an Verfugung oder Verputz von Kaminköpfen

Sanitärinstallation
- Schadhafte Wasser- und Entwässerungsleitungen
- Zugesetzte, verstopfte Abwassergrundleitungen im Keller
- Erneuerungsbedürftige Einrichtungsgegenstände für Bad, WC, Küche
- Fehlende Warmwasserbereitung für Bad/Küche oder Warmwasserbereitung mittels Kohleboiler

Heizungsanlage
- Einzelofenheizung an mehreren Kaminzügen für Kohle, Heizöl, Gas
- Gemauerte Kaminzüge mit Versottungsgefahr
- Zentralheizungen ohne ausreichende Regelmöglichkeiten
- Überdimensionierte Heizrohrleitungen, da für Schwerkraftanlagen ausgelegt

Elektroinstallation
- Erneuerungsbedürftige Elektroleitungen, Dosen, Schalter, Brennstellen
- Erneuerungsbedürftige Absicherungen, Verteilungen, Unterverteilungen

Baujahr: 1960–1970

Dach
- Unzureichende Wärmedämmung der Dachflächen gegen die Außenluft
- Reparaturbedürftige Dachrinnen, Fallrohre

Sanitärinstallation
- Wasser- und Entwässerungsleitungen mittelfristig reparaturbedürftig
- Warmwasserbereitung zu erneuern, unzureichende Wärmedämmung

Heizungsanlage
- Unzureichende Regeleinrichtungen von Zentralheizungen
- Erneuerung der Wärmeerzeuger von Zentralheizungen
- Elektroinstallation
- Im Allgemeinen keine Schwachstellen, eventuell Verbesserung der Absicherungen, Verteilungen und Unterverteilungen

Baujahr: 1970–1980
Dach
- Wärmedämmung von Dachflächen nur mit Mindestwärmeschutz

Sanitärinstallation
- Mittelfristig ist mit zunehmendem Reparaturbedarf zu rechnen

Heizungsanlage
- Mittelfristig ist mit der Erneuerung der Wärmeerzeuger zu rechnen
- Regeleinrichtungen sind zum Teil nicht auf dem Stand neuester Anforderungen

Elektroinstallation
- Im Allgemeinen keine Schwachstellen zu erwarten.

Modernisierungsbedarf
Die im Folgenden genannten Zahlen für die Erneuerung von Bau- und Anlagenteilen sind erste Richtwerte. Im Einzelfall ist der Zustand auf Grundlage der in Kapitel 5.1 beschriebenen Bestandsaufnahme einzuschätzen.

Zu erneuern sind in der Regel:
nach 5–15 Jahren:
- Elektro-Warmwasserbereiter

nach 15–30 Jahren:
- Dachrinnen und Fallrohre
- Heizkessel und Heizthermen
- Stahlradiatoren
- Elektronische Regeleinrichtungen
- die Bauteile der ersten Erneuerungsgruppe zum zweiten Mal

nach 30–50 Jahren:

- Kaminköpfe über Dach
- Sanitärleitungsnetz für Bäder und Küchen
- Ausstattung von Bädern und Küchen
- Elektroinstallationsnetz mit Dosen und Schaltern
- Heizleitungsrohrnetz
- die Bauteile der ersten Erneuerungsgruppe zum dritten Mal, und die der zweiten Erneuerungsgruppe zum zweiten Mal.

Die rechnerische Lebensdauer eines Wohngebäudes, zum Beispiel für Finanzierungen und Abschreibungen, wird in den Richtlinien auf 80–100 Jahre angesetzt. Nimmt man die aufgeführten Bauteile, die nach ca. 50 Jahren zu erneuern sind, so steht die gesamte technische Gebäudeausrüstung zur Bearbeitung an. Berücksichtigt man auch die Bauelemente der Gebäudehülle, die nach ca. 50 Jahren zu erneuern sind, so werden zu diesem Zeitpunkt etwa 60 % des finanziellen Aufwandes des Neubaues wieder zu investieren sein (Tabelle 4). Auskunft über kalkulatorische Nutzungszeiten bietet die VDI-Richtlinie 2067 «Wirtschaftlichkeitsberechnung«.

Tabelle 4 Richtwerte für den Erneuerungsbedarf von Bauteilen und Anlagen

Aufteilung: Modernisierung/Instandsetzung		
Erfolgte Maßnahme	**Modernisierungs-Anteil**	**Instandsetzungs-Anteil**
Erneuerung der Elektroinstallation	50 %	50 %
Neueinbau einer Heizungsanlage	100 %	0 %
Erneuerung der Sanitärinstallation	100 %	0 %
Erneuerung der Grundleitungen	0 %	100 %
Neuer Kanalhausanschluss	0 %	100 %
Vorhandene Kamine ausschleudern	0 %	100 %
Neue isolierverglaste Fenster	60 %	40 %
Neues Pfannendach, Unterspannbahn	40 %	60 %
Pfannendach umdecken, Unterspannbahn	40 %	60 %
Dachentwässerung erneuern	0 %	100 %
Fassadenreparatur und Anstrich	0 %	100 %
Neue Tapeten und Innenanstrich	60%	40%
Innenputzarbeiten	60 %	40 %
Neue Hauseingangstür	60 %	40 %
Alte Innentüren durch neue ersetzen	100 %	0 %
Außenanlagen	0 %	100 %

5.1.2 Kleine Materialkunde[18]

Im Folgenden werden die in der Vergangenheit in der Installationstechnik hauptsächlich verwendeten Materialien beschrieben. Bei Modernisierungen von historischen Gebäuden sind entsprechende Altanlagen noch häufig zu finden. Die Aufstellung ist als Übersicht gedacht und nicht vollständig.

Entwicklung im Überblick

Für die ersten historischen Wasser- und Abwasserleitungen kamen leicht zu bearbeitende oder herzustellende Materialien zur Anwendung. Holz, in Form ausgebohrter Stämme oder zu Rinnen und Kästen gefügt, leitete Wasser oder Fäkalien. Ver- und Entsorgungsleitungen wurden aus Stein gemauert oder durch geschlagene Rinnen hergestellt. Eine Verbesserung waren Rohre aus Blei und Ton; sie führten zu geringerem Wasserverlust, und ihre technischen Möglichkeiten waren größer. Eisen als Werkstoff wurde im Allgemeinen für diese Nutzung erst verwendet, als das Eisenhüttenwesen in der zweiten Hälfte des 19. Jahrhunderts die notwendigen Fertigkeiten erworben hatte und neue Herstellungsverfahren verbesserte Produkte bereitstellten. Blei, Ton und Eisen sowie Buntmetalle sind die Materialien, die wir bei Altanlagen heute in Baudenkmälern vorfinden. Der Zustand der alten Installationen ist sehr unterschiedlich. Nicht nur die Nutzungsdauer, auch Herstellung und Auswahl sind dafür ausschlaggebend, ebenso die Einwirkung durch die Art der Verarbeitung und Verwendung sowie die Einflüsse innerhalb der Betriebsstandzeit. Ein weiterer Faktor ist der Einsatz von Ersatzstoffen, wie er häufig in Notzeiten vorkam. Für die Wasserversorgung wurde im Allgemeinen Bleirohr verwendet, Abflussleitungen erstellte man aus Ton,- Blei- oder Gussrohr. Nur für wenige Anwendungszwecke wurde Rohr aus Zinkblech verarbeitet.

Erst mit der industriellen Revolution und der damit beginnenden maschinellen Fertigung erfolgte auch eine stetige Weiterentwicklung der Haustechnik. Wasserleitungen konnten jetzt aus verzinktem Stahlrohr erstellt werden. Gasleitungen wurden zeitweise noch in Bleirohr ausgeführt, da dieses den Anforderungen nicht genügte, trat Stahlrohr an seine Stelle. Im 19. Jahrhundert wurde es möglich, Heizkessel als Voraussetzung zur Erstellung von Zentralheizungsanlagen zu produzieren. Jedoch waren diese Kessel nicht aus Gusseisen, sie bestanden aus wasserführenden Schlangen oder Behältern, die mit einer Ummauerung versehen wurden. Als Heizkörper wurden Rohrschlangen und Rippenrohre verwendet.

Materialien

Blei

Zu den ältesten verwendeten Materialien gehört das Blei. Da es leicht zu bearbeiten ist, wurde es in vielen Bereichen eingesetzt. Zunächst wurden gegossene Tafeln zur Herstellung von Behältern zur Wassersammlung, von Dachrinnen und Abdeckungen verwendet. So wurden Spülkästen aus Holz innen mit Blei ausgekleidet. Rohre wurden aus Tafeln geformt oder gegossen, bis sie durch Formpressen hergestellt werden konnten. Blei war Hilfsmittel für die Abdichtung von Rohrverbindungen, für Befestigungen im Mauerwerk und für die Herstellung von Dübeln.

Bleirohre dienten als Wasser- und Abwasserrohre. Die leichte und einfache Verarbeitung beim Verlegen, Biegen und Verbinden machte das Bleirohr zu einem universellen Material. Ein Nachteil des Materials ist für einige Anwendungsbereiche seine geringe Festigkeit. So mussten Dachrinnen aus 5–6 mm Bleiblech hergestellt werden, um Bestand zu haben, auch die Wandungen der Rohre sind beachtlich. Hoher Materialaufwand und hohes Materialgewicht erschwerten die Verlegung der Rohre. Steigleitungen verlegte man vom oberen Stockwerk aus, indem auf einfache Weise nach unten abgerollt wurde. Biegungen wurden an Ort und Stelle nach Bedarf eingebogen. Als Befestigung dienten Bleirohrhaken oder Schellen. Waagerechte Leitungen erhielten durch Unterlegen von Latten oder Halbschalen aus Blech eine Sicherung gegen Durchbiegen. Weite Verbreitung fanden auch Bleiabflussleitungen. Sie wurden als Fallstrang und als Anschlussleitungen verlegt und durch Kelch- und Abzweiglö-

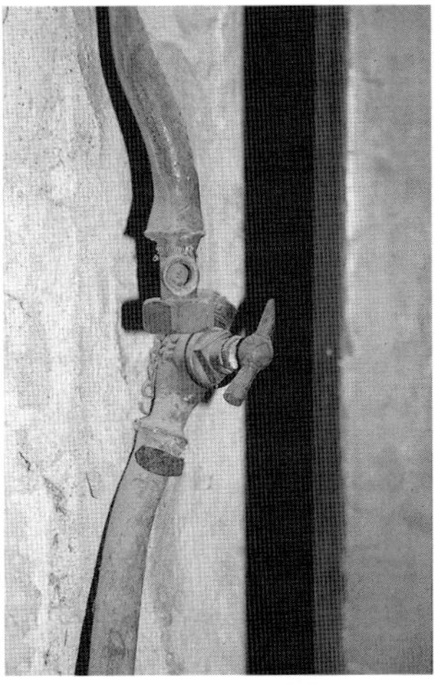

Bleirohre als Trinkwasserleitung sind in Altbauten noch recht häufig zu finden.

tungen verbunden. Die Erstellung der Fallstränge erfolgte von unten nach oben, ansonsten entspricht der Einbau der Rohre dem Vorgehen bei den Druckleitungen. Für die Spülrohre der Spülkästen verwendete man Bleirohr in der Dimension von 30 x 36 mm. Blei als Hilfsmittel für das Abdichten von Gussrohrmuffen war lange Zeit ein weiteres Einsatzgebiet.

Ton

In weitaus geringerem Maß verwendete man Tonrohr für die Ableitung von Wasser. Es wurde gebiets- und zeitweise als Fallleitung und in Kellerräumen eingebaut. Für Grundleitungen wird dieser Werkstoff heute noch genutzt. Eingesetzt wurde Tonrohr besonders als Fallleitung für Trockenklosettanlagen. Die Rohrleitungen hatten einen Durchmesser von 200 bis 300 mm. Anlagen dieser Art waren noch nach 1990 in Wohnhäusern in Betrieb.

Die Herstellung der Rohre erfolgte in Hand- und Maschinenarbeit. Standardlänge war das 1m-Rohr. Kurze Rohre (Passlängen) bis 30 cm wurden handwerklich auf der Töpferscheibe hergestellt, die längeren wurden aus Tonplatten gerollt. Hier mußten die Muffen durch einen weiteren Arbeitsgang angeformt werden. Maschinell wurden die Rohre endlos durch Pressen hergestellt und auf Länge geschnitten; eine Muffe wurde angeformt. Handelsüblich waren Rohre ab einer lichten Weite von 60 mm, in den Längen 0,25 bis 1,00 m. Erforderliche Zwischenlängen erhielt man durch Kürzen, indem das Rohr an der Trennstelle ringförmig mit einem Meißel angeschlagen und mit einem glatten Bruch getrennt wurde.

Gusseiserne Abflussrohre

Sie setzten sich als Rohrleitungen in Gebäuden sehr schnell durch. Hohe Beständigkeit gegen Abwässer, den Anforderungen entsprechende mechanische Eigenschaften, verbunden mit leichter und preisgünstiger Herstellung und Verarbeitung führten zu ihrer weiten Verbreitung. Zunächst baute man »Schottisches« Rohr aus England ein, es wurde bis in die dreißiger Jahren des 20. Jahrhunderts verwendet. Als leichtes »Schottisches« Rohr wurde es als Regenabflussrohr verlegt. Kennzeichnend für dieses Rohr ist die Muffenausbildung mit den beiden umlaufenden Halbrundprofilen, jeweils am Muffengrund und am Muffenspiegel.

In Deutschland hergestellt wurde das »Leichte, deutsche Abflussrohr« (l. D.), zu erkennen am Muffenbild mit nur einem umlaufenden

Rundprofil am Muffenspiegel. Ein weiteres Abflussrohr im Handel war das »Deutsche Normale Abfluss-Rohr« (D. N. A 1903) mit einem kantigen, umlaufenden Profil am Muffenspiegel. Ersetzt wurden alle diese Ausführungen durch das GA-Rohr (Guss-Abflussrohr) und danach durch das LNA-Rohr (Leichtes Normales Abflussrohr). Alle Gussrohre wurden zur Verbesserung der Haltbarkeit mit einer Bitumenbeschichtung versehen. Die Muffen erhielten eine Abdichtung aus festgeschlagenem Hanfstrick und einem Abschluss aus Bleiverguss.

Stahl

Stahlrohre verwendete man in verschiedenen Ausführungen. Problematisch war lange Zeit das Abdichten der Verbindungsstellen. Die Verbindungen wurden zunächst durch aufwendige Flansch- und Schraubverbindungen hergestellt. Erst das Whitworth-Rohrgewinde erfüllte die Ansprüche an die Rohrverbindungen in Hinsicht auf Dichtheit und Festigkeit. Es wurde aufgrund der frühen Verwendung für Gasrohre als Whitworth-Gasgewinde bezeichnet. Eine weitere Verbindungstechnik war das Nieten, besonders bei Kesseln und Behältern; es war für die verschiedensten Materialien anwendbar. Flanschenverbindungen wurden aufgelötet, aufgewalzt oder durch Bördeln erstellt. Die Entwicklung der Schweißtechnik zu Anfang des 20. Jahrhunderts vereinfachte die Erstellung von Heizungsanlagen. Aus der Zeit davor findet man häufig geschraubte Ausführungen. Bei allen Anlagen war man bestrebt, Verbindungsstellen einzusparen. Deshalb wurden Richtungsänderungen der Rohre durch Biegen hergestellt.

Armaturen

Als Armaturenwerkstoff fanden Kupferlegierungen Verwendung, die nicht in allen Fällen den Korrosionsbelastungen durch Wässer widerstanden. Gusseiserne Armaturen kamen überwiegend in Heizungsanlagen zum Einsatz. In Zeiten von Materialknappheit wurden Rohrarmaturen für Wasserleitungen aus Zinkguss hergestellt.

Dichtmittel

Für Gewindeverbindungen war Hanf ein bevorzugtes Dichtmittel; er wurde mit Talg, Ölen und zeitweise mit Bleimennige (ein rotes Bleioxid) bestrichen, um ihn vor dem Verrotten zu schützen. Zur Hanfherstellung dienten Fasern aus Agaven, Ananas, Hibiskus, Nessel und anderen Pflanzen. Hanf nutzte man auch zum Herstellen dünner Dichtungen.

Leder war für Dichtungen an Kaltwasser- und Gasrohrverschraubungen gebräuchlich. Für andere Dichtungszwecke wurde Kupfer eingesetzt, auch Asbest, zu Platten oder Papier verarbeitet, ergab hochwertige Dichtungen für Flansche. Weitere Materialien waren Gummi und Vulkanfiber (chemisch behandelte Pflanzenfasern) sowie Kombinationen aus allen genannten Stoffen.

Zum Abdichten von drucklosen Verbindungen, etwa an Abflussleitungen oder Feuerungsräumen, wurde eine große Zahl von Kitten verwendet. Zu nennen sind als Beispiele:

Abwasserkitt	ein roter, zeitweise mit Mennige versetzter Fensterkitt,
Ofen- oder Kesselkitt	aus Graphit, Braunstein und Asbestpulver,
Schwarzkitt	zum Abdichten senkrechter Guss-Abflussleitungen
Brunnenkitt	aus gebranntem Kalk mit einem Zusatz von Hanf und Leinöl, zum Abdichten von schottischen Rohren.

Dämmmaterialien

Rohrdämmungen findet man überwiegend an Heizleitungen, an Wasserleitungen nur in wenigen Fällen. Rohrleitungen in Wandschlitzen erhielten oft eine Dämmung aus Ton-, Lehm- oder Torffüllung, die den Schlitz ausfüllte. Frei oder verdeckt liegende Leitungen bekamen einen Wärmeschutz aus Tierhaaren, Gewebe, Filz, Seide, Stroh, Torf, Hanf, Ton Gips, Asbest oder Kieselgur. Diese Materialien wurden in den verschiedensten Kombinationen verwendet. Seide, Hanf und Stroh wurden zu Zöpfen oder Stricken gedreht und kreisförmig um die Rohrleitung gewickelt. Aus Filz und Kork fertigte man Platten, Schalen und Streifen. Ton, Gips und Kieselgur dienten zusammen mit Tierhaaren oder Gewebe zur Umhüllung und zum Schutz der Dämmung.

Gewebe aus Jute wurden zu dünnen Schläuchen verarbeitet, mit Asbestpulver, Kieselgur oder Erden gefüllt und um die Rohre gewickelt. Asbest kam als lose Schüttung oder wie die Jute in Form von Schläuchen in den Handel. Zur Füllung dieser Schläuche diente Kieselgur oder Korkmehl. Eine große Anzahl weiterer Materialien und Hilfsmittel wurde zeit- und versuchsweise verwendet, doch da sie sich in haustechnischen Anlagen nicht bewährten oder bessere Produkte entstanden, blieben sie nicht lange auf dem Markt.

Wer historische Bausubstanz schützen will, muss sie kennen. Auch bei alten Gebäuden gilt: Nur selten wird der Wert auf den ersten Blick sichtbar. Zu sehen sind die Oberfläche, die Verkleidung – die neue Tapete, der moderne Fußbodenbelag –, doch der eigentliche Wert kann gut versteckt darunter liegen. Am Anfang jeder Bauplanung muss deshalb eine fundierte Bestandsaufnahme stehen. Aus technischer Sicht ist das Urteil über vorhandene Installationen dann schnell gefasst: veraltet, unkomfortabel und hässlich – also raus damit. Tatsächlich finden sich selten voll gebrauchsfähige Leitungen, Armaturen oder gar denkmalwerte technische Ausrüstungen. Die Möglichkeit einer Säuberung und Instandsetzung von Anlagen und Anlagenteilen ist jedoch zu prüfen. Der Schutz der historischen Bausubstanz erfordert ein Abwägen zwischen den unmittelbar drohenden Materialeinbußen bei Abbruch und Neuinstallation einerseits und den potentiellen Gefahren der weiteren Nutzung von eventuell bereits vorgeschädigten Anlagen und Leitungen andererseits.

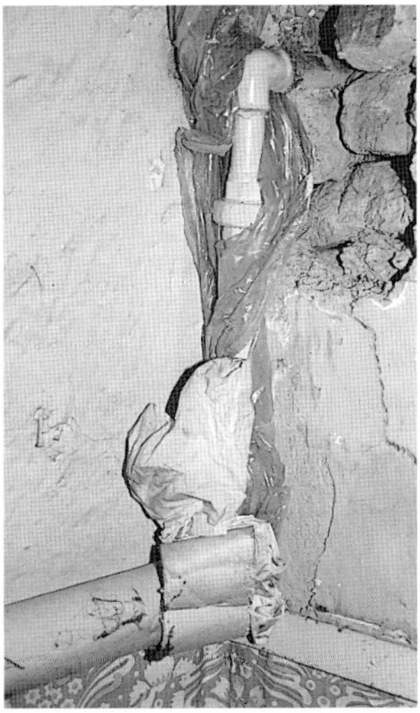

Nachträgliche Installation, von Anfang an ein Provisorium.

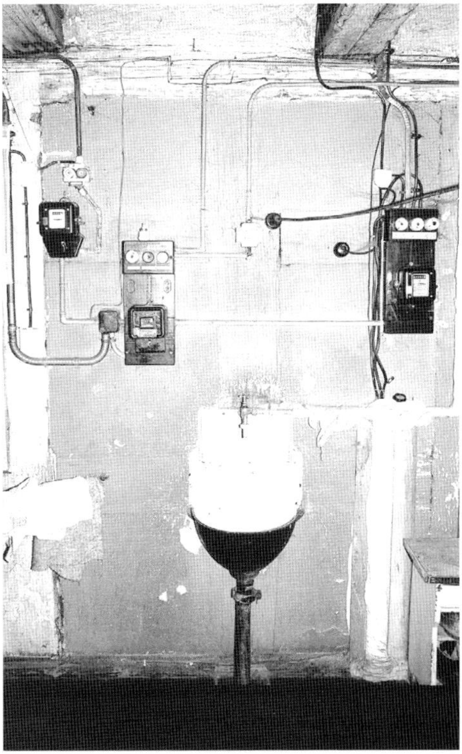

Gefährliche Mischinstallation im Bestand.

Bei Bedenken gegen eine Weiterverwendung sind Leitungen von Sanitär- und Heizanlagen einer Druck- und Dichtheitsprobe zu unterziehen. Sollen historische Heizkörper wieder verwendet werden, sind sie vor Einbau bei einer Druckprobe mit dem höchstmöglichen Anlagendruck zu prüfen. Zur Bestandsaufnahme gehört ebenso die Untersuchung auf Inkrustationen (Querschnittsverengungen) sowie Außen- und Innenkorrosion. An Heizungs- und Wasserleitungen sollte dazu grundsätzlich eine Entnahme von Probestücken aus der Rohrleitung erfolgen. Das Korrosionsverhalten der Rohrleitungswerkstoffe wird sowohl durch die spezifischen Eigenschaften des Werkstoffes und des Wassers als auch durch die Betriebsbedingungen beeinflusst. Deshalb sollten bei einer vorgesehenen Nutzungsänderung inkrustierte und korrodierte Leitungen nicht weiter benutzt werden. Die Werkstoffauswahl neuer Leitungen setzt eine Wasseranalyse voraus. Die Korrosion verzinkter Stahlrohre ist im Wasser mit pH-Werten über 7,5 deutlich vermindert. Bei Kupfer und Kupferlegierungen sollte der pH-Wert des Wassers mindestens 6,5 betragen. Rohrleitungen aus Kupfer und kupferhaltigen Werkstoffen müssen zur Vermeidung von Elementebildung in Fließrichtung immer Eisenwerkstoffen nachgeschaltet werden.[19]

Je nach örtlicher Situation bietet es sich bei Neuinstallationen an, die alten Leitungen, etwa die Steigestränge, einfach vor Ort zu belassen und zusammen mit neuen Leitungen zu verkleiden. Dadurch werden nicht nur Abbruchverluste am Bauwerk verhindert, sondern auch Kosten gespart. Bestehende Wand- und Deckendurchbrüche oder auch ungenutzte Kaminzüge können zur Führung der neuen Leitungen geeignet sein. Um die bauseitigen Öffnungen bei der Leitungsführung zu nutzen, ist die genaue Dokumentation in den Planunterlagen erforderlich. Vorsicht ist bei Bestandsplänen geboten. In der Regel sind vorliegende Pläne und Daten lediglich eine Soll-Größe. Wurde das Objekt wirklich so umgesetzt wie der Planbestand es darstellt? Ist der derzeitige Zustand noch derselbe wie beim Anfertigen der Pläne? Für eine altbaugerechte Planung müssen Grundrisse und Schnitte mindestens im Maßstab 1:50 vorliegen. Hervorragende Planungsgrundlagen bietet ein verformungsgetreues Bauaufmaß. Schiefstellungen, Verformungen sowie Abweichungen in den Geschossebenen können frühzeitig bei der Leitungsführung berücksichtigt werden, um Flickwerk am Bau zu vermeiden. Die Informationen nutzen vor allem bei der Führung von Steigleitungen und Fallrohren oder zur Auswahl von Sanierungsverfahren für einen alten Schornstein.

Erst die schichtweise Freilegung zeigt die vielen Farbfassungen im alten Leitungsschlitz.

Verformungsgetreuer Schnitt durch ein Fachwerkhaus. So werden die genaue Lage von Decken und Wänden, Schiefstellungen und Verformungen sichtbar und können bei der Leitungsführung vorausschauend berücksichtigt werden.

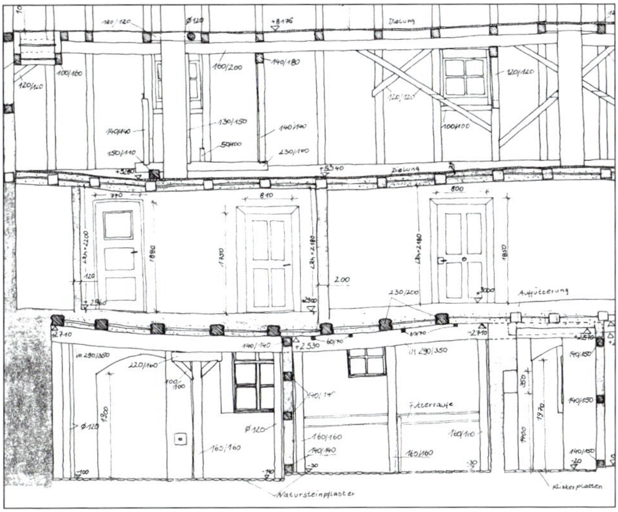

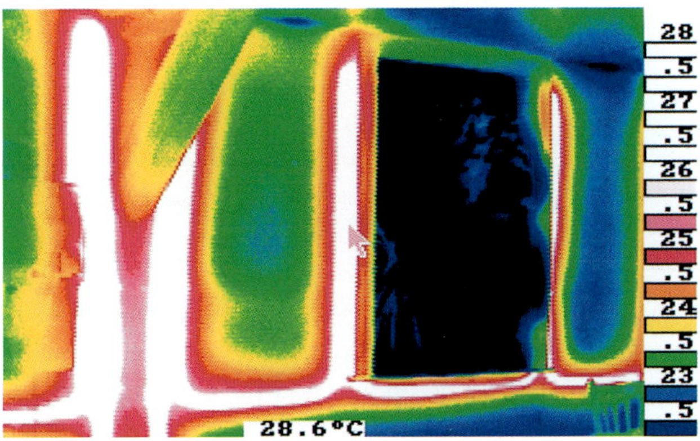

Mit Hilfe der Thermografie können verdeckte Leitungen geortet werden. Die Interpretation der Aufnahmen, in diesem Fall der Rohrverlauf einer so genannten Temperierung, sollte Fachleuten vorbehalten sein.

Treten besondere Probleme auf, die weiterführende Untersuchungen wie Gutachten und Versuche erfordern, so ist es wichtig, die wesentlichen Fragestellungen exakt zu formulieren. So kann etwa die Erfassung des Raumklimas bei Baudenkmälern mit hochwertiger Ausstattung ähnlich wichtige Planungsgrundlagen liefern wie anerkannte bauhistorische oder restauratorische Voruntersuchungen. Der Fachingenieur sollte deutlich auf diese Erfordernisse verweisen. Eine wichtige Voruntersuchung betrifft das Aufspüren von ehemals eingebauten »Problembaustoffen«, wie etwa Asbest, PCB-haltige Materialien, lindanhaltige Holzschutzmittel oder künstliche Mineralfaserstoffe. Die dann notwendigen Abbruch- und Entsorgungsarbeiten können das Konzept zur Leitungsführung beeinflussen.

Für die möglichst zerstörungsarme Diagnose der Bausubstanz und der technischen Installationen stehen eine Vielzahl von Untersuchungsmethoden zur Verfügung:

- Endoskopie, Boreskopie
- Spiegelungen von Leitungen mit Rohrsonden und selbstfahrender Kamera
- Ultraschall- und Radaruntersuchung, Thermografie
- Bohrkernentnahme, Bohrwiderstandsmessung
- Feuchte- und Salzanalyse, Klimamessung.

Hinweise zur sinnvollen Anwendung und zu den jeweiligen Kosten der Verfahren und Geräte sind unter anderem in Arbeiten von Arendt und Schmitz zu finden.[20, 21]

Der Informationsgewinn durch Bestandsaufnahme und Voruntersuchungen ist von großem Wert, hat indes auch seine Grenzen. Unter Umständen wird ein wichtiger Befund im Rahmen der Mittel und Methoden von zerstörungsarmen Voruntersuchungen nicht in vollem Umfang sichtbar. Gerade an alten Gebäuden kann es das immer geben. Dann ist flexibles Reagieren auf die neue Situation während der Sanierung und notfalls ein Überprüfen der bisherigen Ergebnisse erforderlich.

Während die Zustandserfassung der Altanlagen im Gebäude kaum oder nur sehr pauschal erfolgt, hat sich mittlerweile ein anderer Begriff fest eingebürgert, die energetische Schwachstellenanalyse. Das ist gut so, doch leider geht man auch hier häufig zu einseitig und schematisch vor. Natürlich muss der k-Wert (Wärmedurchgangskoeffizient) der Wände und der alten Fenster bekannt sein. Doch ebenso wichtig ist es, nach den Stärken der Bausubstanz zu schauen, diese nicht zu mindern, sondern gezielt auszunutzen.

Schnell kommt das Argument vom maroden Zustand, der sich mit ein paar Bildern von Altersspuren und Dreck überzeugend dokumentieren lässt. Doch nicht immer sind die Verhältnisse eindeutig. Dann stellt sich häufig sogar die Frage: Warum hat das Gebäude bisher so gut funktioniert, obwohl es nicht normgerecht gebaut wurde? Neben dem Aufspüren von »Schwachstellen« im Gebäude, wie etwa Feuchtequellen oder Wärmebrücken, ist daher dem Erkennen der Vorzüge besondere Aufmerksamkeit zu widmen. Damit sind bauklimatische Wirkmechanismen gemeint, die sich aus dem Zusammenspiel verschiedener Komponenten, etwa Heizung und Lüftung, ergeben und deren Wirken zum jahrhundertelangen Erhalt der Bausubstanz wesentlich beigetragen hat.

Ein typischer Fall ist die Wirkungsweise des Kachelofens, der, in einer Rauminnenecke stehend, die Wärmebrücken der Außenwand durch Strahlungswärme »entschärfte« und zudem durch den raumluftabhängigen Betrieb für einen stetigen Luftwechsel in der Wohnung sorgte. Ein unbedachter Eingriff in solche Wirkzusammenhänge kann drastische Folgen haben, man denke nur an das plötzliche Schimmelwachstum nach dem Austausch der alten Fenster mit stetiger Grundlüftung gegen neue dichte Kunststofffenster. Erfahrene Planer kennen und nutzen diese Zusammenhänge. Das soll nicht heißen, alles zu belassen, wie es früher einmal war. Das wäre fatal. Ohne Modernisierung drohen Leerstand und Verfall. Aber bitte gewerkeübergreifend denken und konsequent handeln. So müssen im Fall des Fensteraustausches entweder die neuen Fenster ebenfalls eine Grundlüftung über Fugen gewährleisten, sind alternative Lüftungsmöglichkeiten zu schaffen, notfalls über mechanische Systeme, oder die Feuchtequellen wie Bad und Küche müssen in andere Bereiche »ausgelagert« werden.

Zum Bestand gehören letztendlich die Bewohner der Gebäude. Auch wenn Leistung und Komfort der bisherigen technischen Ausstattung nicht optimal waren, so hatte man sich doch irgendwie arrangiert. Gerade bei Eigentümern, die schon lange in alten Gebäuden leben, gibt es diese enge Wechselwirkung. Kommt neue Technik ins Haus, muss auch der Nutzer sein Verhalten ändern, damit keine Schäden auftreten. Eine Aufklärung der Bewohner über die Arbeitsweise und Auswirkung der Anlage darf nicht unterbleiben.

Weiterverwendung alter Leitungen und Armaturen 5.1.4

Es ist durchaus üblich, bei haustechnischen Sanierungen die langlebigen intakten Bestandteile der Installationssysteme weiter zu nutzen und ver-

Alter Heizkörper mit neuem Thermostatventil.

altete oder unbrauchbare Teile auszuwechseln. Je nach »Gesamtfunktionalität« des jeweiligen Gewerkes bestehen hier unabhängig vom Erhaltungszustand jedoch technische Grenzen. An der Ausführung des Fallrohrs hat sich in den letzten fünfzig Jahren nur wenig geändert, so dass die Erneuerung des WC keinen Austausch des gesamten Abwassernetzes nach sich zieht. Der Wechsel von Kohle- auf Gasfeuerung am Heizkessel führt allerdings unweigerlich zur Sanierung des alten gemauerten Schornsteins. Wird altes mit neuem Material verbunden, etwa beim Öffnen alter Leitungen, so besteht darüber hinaus die Gefahr, dass bisher funktionsfähige Einheiten gestört werden. Durch das Lösen von ehemals festsitzenden Krusten und Korrosionsschichten kann es zum Verstopfen von Leitungen oder von Ventilen kommen. In der Gewährleistung für die Altanlage sollte sich der Installateur durch den Planer absichern.

Unabhängig von den technischen Parametern und dem Erhaltungszustand sind bei der Frage nach Weiterverwendung zunehmend die Umweltaspekte zu beachten. Entsprechende Gesetze und Verordnungen berücksichtigen diesen so genannten »moralischen Verschleiß« und enthalten Vorgaben für Emissionswerte, Ressourcenverbrauch und Materialauswahl.

Bauteil	Prüfkriterien für Weiterverwendung	
	Generelle Eignung	Erhaltungszustand
Heizung Allgemein	• Wärmeleistung der Altanlage zu niedrig, aufgrund neuer Grundrisse, neuer Nutzung, Anbauten, Dachausbau • Wärmeleistung der Altanlage zu hoch, aufgrund von Dämmmaßnahmen am Gebäude • Verbrauchsabhängige Heizkostenerfassung nicht möglich • Aktuelle Vorschriften beachten (etwa Emissionsgrenzwerte)	
Kessel Brenner	• schlechter Wirkungsgrad • hoher Schadstoffausstoß • Wärmeleistung zu groß • zu hohe Vorlauftemperaturen • veraltete Regeltechnik • ungenügender Brandschutz	• Rost, Verschlammung, Kesselstein • Schmutz- und Rußbelege • Undichtheiten, Risse • Korrosion durch Rauchgaskondensation • Beschädigung der Dämmung
Heizkörper	• Anzahl und Dimension der Heizkörper zu groß bei vermindertem Wärmebedarf beziehungsweise zu klein für erhöhten Wärmebedarf oder verringerte Vorlauftemperatur • Optik nicht mehr zeitgemäß • Platzgewinn durch kleinere Heizkörper (etwa im Bad)	• Verschlammung, Verschmutzung Ablagerung v. Korrosionsprodukten • Rost vor allem bei Stahlblech • Wand-/Bodenbefestigung defekt • Dichtheit der Verbindungen
Regeltechnik	• keine Thermostatventile • veraltete zentrale Regelung	• Funktionsfähigkeit der Ventile, Verstopfung durch Korrosionsprodukte
Leitungen	• Dimension der Heizleitungen zu groß • ungeeignetes Material • Elementebildung mit neuem Material (Fließregel beachten) • Verbindung alt/neu technisch nicht realisierbar	• Inkrustationen (Querschnittsverengungen), Außen- und Innenkorrosion • Befestigungen defekt • Dichtheit der Verbindungen • Strömungsgeräusche • Beschädigung der Dämmung

Bauteil	Prüfkriterien für Weiterverwendung	
	Generelle Eignung	**Erhaltungszustand**
Leitungen	• Entlüftung nicht gewährleistet keine Dämmung	
Schornstein	• alte Kaminzüge oft verzogen, selten mit streng vertikaler Führung • großer Querschnitt für »Hochtemperaturfeuerung« mit Holz oder Kohle • Probleme bei Umstellung des Brennstoffes (etwa Kohle auf Öl) oder neuen Wärmeerzeugern mit niedriger Abgastemperatur (siehe Kapitel 5.3.3)	• Versottungen durch zu geringe Abgastemperatur beziehungsweise zu starke Abkühlung der Abgase • Durchfeuchtungen, braune Flecken und Geruch • Prüfung: im Zweifel durch Schornsteinfegermeister • Korrosion, Lochfraß bei Edelstahlrohren • Verwitterung der Schornsteinköpfe
Sanitär Allgemein	• geringer Standard, unmoderne Ausstattung • Schallschutz und Brandschutz unzureichend • Weiterverwendung alter Brauchwasserleitungen (25 Jahre) nur nach genauer Prüfung	
Trinkwasserleitung	• häufig zu geringe Dimension, da nur für eine Zapfstelle • Legionellengefahr beachten, Wasserprobe an Gesundheitsamt • ungeeignete Materialien, • toxische Absonderungen durch Metalle wie Pb, Zn, Cu • Elementebildung mit neuem Material (Fließregel) beachten • Schwachstellen sind Durchbrüche und Durchführungen (selten Rohr in Rohr mit Hülse, meist »zugeschmiert«)	• Inkrustationen (Querschnittsverengungen), Außen- und Innenkorrosion • Kalkablagerungen • Pilzbefall bei wenig/kaum durchströmten Leitungen • Prüfung: Rohrstück entnehmen, • Bewohnerbefragung • Dichtheit der Verbindungen • Befestigungen defekt • Beschädigung der Dämmung

Bauteil	Prüfkriterien für Weiterverwendung	
	Generelle Eignung	**Erhaltungszustand**
Abwasser- leitung	• Schallschutz unzureichend • Neue Optik gewünscht (verdeckte Rohrführung) • Unbrauchbare Leitungen nicht generell entfernen, da Substanzverlust beim Ausbrechen • Gefälle nicht ausreichend • Keine Rückstausicherung	• Inkrustationen (Querschnitts-j56verengungen), Außen- und Innenkorrosion, Verschmutzung • Verstopfung von Leitungen und Bodenabläufen • Grundleitungen spiegeln mit selbstfahrender Kamera (ab 50 mm Rohrdurchmesser einsetzbar)
Armaturen	• Ausrüstungsstandard, Optik nicht mehr zeitgemäß • Ungenaue Regelung, hoher Verbrauch	• Funktionsfähigkeit, Beschädigung, Korrosion, Dichtheit • Feuchteschäden unter Zapfstellen
Sanitär- objekte	• Ausrüstungsstandard, Optik nicht mehr zeitgemäß • Abmessungen, Montagemaße für neue Nutzer nicht geeignet	• Beschädigung, Verschmutzung Kalkablagerung
Gas Allgemein	• Gasanlagen sind einer Gebrauchsfähigkeitsprüfung nach den Technischen Regeln für Gasinstallation des DVGW zu unterziehen (siehe Kapitel 5.3.2) • Allgemein gilt: »bei Gas kein Risiko, Augen zu und raus«	
Gasleitung	• Nennleistung Hausanschluss zu gering • Dimensionierung nicht ausreichend • getrennte (trockene) Leitungen vor Ort belassen	• Dichtheit der Verbindungen • Bestimmung der Leckrate • Mechanische Belastungen, Beschädigungen, Außenkorrosion • Innenkorrosion bei Stadtgas
Lüftung Allgemein	nach ca. 10–15 Jahre sind Lüftungsanlagen im Allg. technisch veraltet Ursachen: anderes Lüftungskonzept, ungenügende Regelung,	

Bauteil	Prüfkriterien für Weiterverwendung	
	Generelle Eignung	Erhaltungszustand
Lüftung Allgemein	• hoher Energieverbrauch, ungenügender Schallschutz und Brandschutz • Anforderungen der Hygiene (aktuelle Vorschriften beachten) • Verschmutzung der Filter, Kanäle und Auslässe	
Kanäle	• Dimension der Kanäle zu groß/zu klein • Ungeeignetes Material, strömungstechnisch ungünstig • keine Dämmung vorhanden • Weiternutzung von alten gemauerten Steigeschächten oder auch von massiven Ansaugkanälen häufig möglich	• Korrosion, Verschmutzung • Beschädigung der Dämmung • Rauigkeit der Innenoberfläche zu groß, z. B. bei Stein, Beton • Verwitterung bei Außenluftansaugkanal aus Beton (Bindung, Glättung mit Spachtel und Anstrich) • Zustand der Reinigungsöffnungen, Feuerschutzklappen
Auslässe für - Zu- und Abluft	• Luftbewegung prüfen	• Verschmutzung • Beschädigung
Elektro Allgemein	Elektrische Anlagen älter als zwei Jahrzehnte entsprechen selten den heutigen Erfordernissen	
Elektroleitung Auslässe usw.	• Nennleistung Hausanschluss, Anzahl Stromkreise, • Querschnitte der Leitungen zu gering • keine Schutzschaltung	• akute Brand- und Lebensgefahr bei beschädigten oder verrotteten Leitungen, Schalter, Abzweigdosen, Sicherungen

Tabelle 5 Prüfkriterien für die Weiterverwendung von Installationen

5.2 Systemwahl und Leitungsführung

5.2.1 Grundlagen

Jedes Gebäude ist anders. Trotzdem gibt es einige generell gültige Regeln. Die Auswahl des geeigneten Installationssystems, der Leitungsführung, der Verlege- und Verbindungstechniken richtet sich nach den folgenden Kriterien und Grundsätzen:

Kriterien	Grundsätze
Installations-aufwand und Substanzverlust	• substanzgerechtes Vorgehen umfasst mehr als installationsgerechtes Arbeiten • substanzschonende und materialgerechte Verlege- und Verbindungstechniken • zentrale, gebündelte Verlegung der vertikalen Leitungen in Installationsschächten mit Kontrollmöglichkeiten • vorhandene Durchbrüche, Durchdringungen, Schlitze nutzen neue Durchbrüche, Öffnungen, Bohrungen, Schlitze auf das notwendige Maß begrenzen, sauber trennen, staub- und erschütterungsarm arbeiten
Gestaltung und Ästhetik	• gestalterisch und optisch sensible Lösungen (Material, Form, Farbe), aber keine »historisierenden Nachbauten« • Leitungen möglichst vor der Wand führen, Verzicht auf aufwendiges Verstecken in Fußböden und Wänden
Dauerhaftigkeit und Sicherheit	• Weiterverwendung von alten Installationen nur nach genauer Bestandsaufnahme und Funktionsprüfung • objektangepasste und sichere Lösungen für die Anforderungen aus Brand- und Schallschutz, Feuchte- und Wärmeschutz • neue Anlagenteile, Einrichtungsgegenstände sowie Aussparungen und Schlitze dürfen die Standsicherheit und Tragfähigkeit nicht beeinträchtigen
Wartung und Instandhaltung	• übersichtliches und reversibles Anlagenkonzept • kontrollierbare und zugängliche Leitungsführung • Dokumentation der Gesamtanlage, neben den Leitungsplänen auch Fotodokumentation bei unübersichtlichen, später nicht einsehbaren Leitungstrassen • fallbezogener Wartungsvertrag mit qualifizierten Fachfirmen Aufstellen von Notplänen für Havariefälle

Tabelle 6 Grundsätze zur Auswahl des Installationssystems

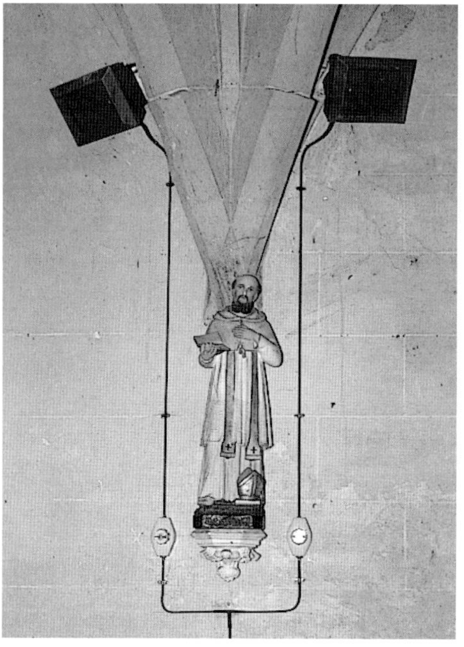

Einmal links, einmal rechts – optische Beeinträchtigung durch unsensible Leitungsführung.

Einmal links, einmal rechts – Substanzverlust durch schlechte Grundrisse und Verlegen in der Wand.

5.2.2 Verlege- und Verbindungstechniken

Aus den Augen, aus dem Sinn

Technische Ausrüstungen in historischen Gebäuden sollten immer gut sichtbar und leicht zugänglich verlegt werden, um Schäden schnell erkennen und Reparaturen ohne Eingriffe in die Bausubstanz durchführen zu können. Zudem kostet das »Verstecken« der Leitungen ein Mehrfaches der eigentlichen Montage. Deshalb ist etwa der Leitungsführung vor der Wand oder auf Putz der Vorzug zu geben gegenüber dem Verlegen von Kabeln und Rohren in der Wand, hinter Fußleisten oder im Fußboden. Das ästhetische Ideal verdeckter Leitungsführung hält sich sehr hartnäckig. Ursache ist nicht zuletzt die erschreckend geringe Anzahl positiver, formal überzeugender Beispiele für offene Leitungsführung: Ein weites Betätigungsfeld für ideenreiche Handwerker und Planer. Das alte Bauwerk und die Nutzungswünsche geben die Grundrisse und damit die

Gut: Gemeinsame Leitungsführung in einem Installationsschacht.

Schlecht: Ablösen von Deckenputz als Folge einer Rohrdurchführung.

Leitungswege weitgehend vor. Eine funktionale Grundrissplanung ist Voraussetzung für die zentrale Leitungsführung möglichst in untergeordneten Räumen. Die gebündelte Verlegung der vertikalen Leitungen in Installationsschächten reduziert in der Regel die Eingriffe in die Bausubstanz. Dabei sollte die Möglichkeit zur Nutzung von bereits vorhandenen Durchbrüchen, Nischen und Aussparungen geprüft werden. Kontrollmöglichkeiten in den Schächten und Kanälen sind vorzusehen.

Nutzung alter Kaminzüge

Alte Kamine und Schornsteine können zur Führung von Leitungen geeignet sein. Der direkte Vorteil besteht in der Vermeidung neuer Deckendurchbrüche. Kostengünstig ist die gemeinsame Verlegung von Leitungen verschiedener Gewerke, beispielsweise von Heizung, Trinkwasser und Abwasser. Allerdings relativieren sich die erhofften Vorteile in der Praxis recht schnell. Um die Leitungen samt Befestigungen und Dämmung einzubringen, ist meist das komplette Öffnen einer Schornsteinwange erforderlich. Bei einer Kaminöffnung von 20 x 20 cm reicht der Platz dann nur für zwei Leitungen. Verzüge im Schornstein erhöhen den Montageaufwand erheblich. Neben dem Substanzverlust samt Materialentsorgung, dem Staub- und Schmutzanfall entstehen erhebliche Vor- und Folgearbeiten. Die Rohrleitungen müssen eingeschoben und der Kamin muss an vorgesehenen Abzweigen zusätzlich aufgestemmt werden. Danach sind alle Schlitze und Öffnungen dicht zu verschließen, zu vermauern beziehungsweise mit Putzträger zu überspannen und zu putzen. Zweckmäßig sind Revisionsöffnungen für spätere Kontrollen und Inspektionen. Je nach Nutzung und geltendem Baurecht ist mitunter auch ein geschossweises Dichten der vertikalen Durchbrüche nötig. Oben ist die Kaminöffnung dauerhaft zu verschließen, da ansonsten starke Auskühlung droht und der problematische Durchgang durch die Dachhaut auf Dauer dem Angriff von Wind, Regen und Schnee nicht standhält.

Vorsicht ist bei der Standsicherheit geboten. Kamine alter Bauart stehen bisweilen als Punktlast auf der Holzbalkendecke im beheizten Geschoss. Doch selbst wenn der Schornstein bis zur Gebäudesohle reicht, ist nicht immer eine eigene Gründung vorhanden. Die Leitungsführung im Kamin verstärkt die Schallübertragung zwischen den Geschossen und in angrenzende Räume. Bei einer Kaminöffnung wird der Schalldämmwert der ehemals 24-er Mauerwand auf den halben Stein der Schornsteinwange reduziert.

De-Installation

Das Abbrechen und Ausbauen alter Installationen ist im Denkmal häufig ein größeres Problem als die Installation der neuen Leitungen. Sehr schnell kommen dabei die ganze Leitung, dazu die historischen Putze und Oberflächen runter. Besser ist es, Stück für Stück abzustützen. Während der Abbrucharbeiten ist auf die Erdung von metallischen

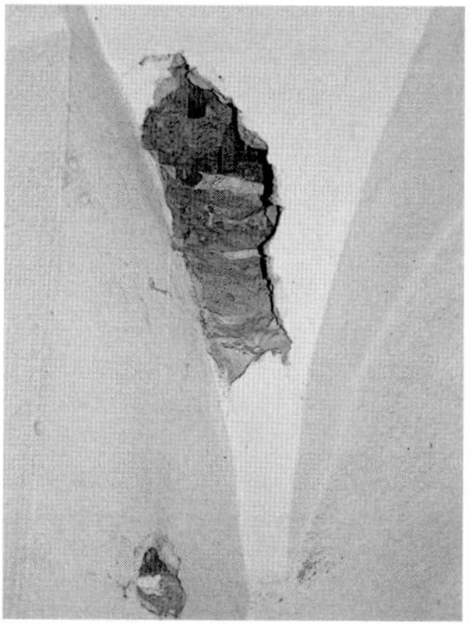

Der Abbruch von alten Rohrleitungen führt fast zwangsläufig zu Einbußen an der Bausubstanz.

Leitungen zu achten. Vorsicht geboten ist ebenfalls beim Freilegen bisher gut verpackter Schadstoffquellen. Dazu gehören der Asbest in der Heizkörperbekleidung oder in der Leitungsdämmung, die Fasern der Mineralwolledämmung ebenso wie die Schimmelpilze und Pilzsporen hinter Bekleidungen, in Schächten und Kanälen.

Hinweise zu Brand- und Schallschutz 5.2.3

Die Art und Weise der handwerklichen Ausführung berührt unmittelbar die Belange des Brand- und Schallschutzes.

Brandschutz auf der Baustelle

Offene Flammen sollten so wenig wie möglich in Baudenkmälern eingesetzt werden. Schweiß-, Schneid- und Lötarbeiten sind häufig Ursache für Brände. Mit der Flamme wird nicht nur beim Zuschneiden und Verbinden von Leitungen gearbeitet, sondern auch beim Auftauen oder beim Abbrennen von Altanstrichen. Durch den Funkenflug ist die Umgebung im Umkreis von zehn Metern gefährdet. Auf der Baustelle ist der Einsatz von erfahrenen Facharbeitern und einer Brandwache unverzichtbar. Auch die neben, über und unter der Arbeitsstelle liegenden Räume sind durch Funkenflug über Öffnungen und Kanäle sowie durch Hitzeleitung über Fugen und Ritzen gefährdet. Diese Räume müssen ebenfalls beobachtet werden. Da sich die Hitze lange Zeit in Stein und Holz halten kann, muss die Brandwache noch etwa drei bis fünf Stunden nach Beendigung der Arbeiten vor Ort sein. Löschhilfeeinrichtungen wie Feuerlöscher müssen vor Ort verfügbar und nutzbar sein, nicht zu vergessen die Einweisung der Handwerker in den fachgerechten Gebrauch. Brennbares Material und feuergefährliche Stoffe müssen von der Arbeitsstelle entfernt werden, Bauabfälle sind täglich zu beseitigen. Ortsfeste brennbare Bauteile sind durch Schutzbelege zu sichern. Bei Gebäuden mit hohem Holzanteil sollten Pressverbindungen verwendet werden. Stahlrohre mit Schweißverbindungen sind zwar sehr stabil und dauerhaft, erfordern jedoch eine gewissenhafte Brandschutz-Vorsorge. Generell muss beim Arbeiten mit offener Flamme eine vorherige Abstimmung mit der Brandversicherung erfolgen.

Baulicher Brandschutz

Gemäß VDI 3817 »Technische Gebäudeausrüstung in denkmalwerten Gebäuden« ist der bauliche Brandschutz nach DIN 4102 »Brandverhalten von Baustoffen und Bauteilen« in denkmalgerechter Weise sicherzustellen. Hierunter fallen unter anderem die Unterteilung in Brandabschnitte, die Erhöhung der Feuerwiderstandsfähigkeit von Decken und Wänden sowie das Schließen der nicht mehr genutzten Schornsteine und Schächte.

Bei Heizungsrohren sind Kontakte zwischen Leitung und Holzbauteilen zu vermeiden. Die Rohre sollten auch im Deckenbereich gedämmt werden, da sehr hohe Temperaturen (>90 °C) zur Selbstentzündung von Holz führen können. Bei der Auswahl von Dämmstoffen ist generell darauf zu achten, dass die Brandlast durch ungeeignete Materialien nicht unnötig erhöht wird. Alle Durchdringungen von Wänden und Decken können zur Ausbreitung von Bränden beitragen. Um den Feuerwiderstand der Bauteile nicht zu verringern, sind fachgerechte Abdichtungen erforderlich. Kritisch sind vor allem offene Schächte. Bei hoher Brandlast ist das geschossweise Abdichten der vertikalen Installationsschächte erforderlich. In den Landesbauordnungen sind die Feuerwiderstandsklassen für Installationsschächte und Lüftungsleitungen einheitlich vorgeschrieben. Die Widerstandsklasse gibt die Zeitdauer an, während der die Schächte bei einem Brandversuch die gestellten Anforderungen erfüllen.

In Gebäuden	**Widerstandsklasse**
ab 3 Vollgeschossen	I / L 30
ab 6 Vollgeschossen	I / L 60
ab Hochhausgrenze	I / L 90
bei besonderer Art oder Nutzung der Gebäude	I / L 120

Tabelle 7 Feuerwiderstandsklassen für Installationsschächte und Lüftungsleitungen in Minuten

Schallschutz

Guter oder schlechter Schallschutz beeinflusst unmittelbar den Wohnwert und bestimmt so ganz wesentlich den baulichen Aufwand. Effektiv ist es, wenig Schall zu erzeugen anstatt aufwendig zu dämmen und zu dämpfen. Die Palette der Einflussnahme reicht von der Grundrissgestaltung, der Objektanordnung und Objektauswahl bis zur Leitungsführung und Materialwahl. Rohrleitungen sind ausgezeichnete Schallträger. Zur Verhinderung von Körperschall darf es keinen Kontakt der Leitungen mit dem Tragsystem geben. Aber auch die Luftschalldämung ist zu beachten. So sollte ein Heizraum mit Gebläsebrenner nicht unter dem Schlafzimmer liegen. Das Aufstemmen und Schlitzen von Wänden zur Aufnahme von Leitungen verschlechtert generell das Schalldämmmaß der Bauteile. In der Sanitärsanierung sind geräuscharme Geräte und Armaturen zu verwenden, deren Eignung durch Prüfzeichen nachzuweisen ist.

Hinweise zu Heizungs-, Elektro- und Sanitärinstallation 5.2.4

Heizungsinstallation

Bei Verlegung unter Putz müssen Heizungsrohre immer deutlich über der Fußleiste verlegt werden, um versehentliche Beschädigungen zu verhindern. Substanzschonender ist die Verlegung auf Putz, oberhalb der Fußleiste oder innerhalb einer neuen Fußleiste. Probleme bereitet häufig die saubere und ästhetische Anpassung an Ecken, Nischen, Umfahrungen.

Die freie Verlegung auf Putz anstelle der Fußleiste ist die einfachste und preiswerteste Methode; sie kann durchaus ästhetischen Ansprüchen genügen, sofern sauber, sorgfältig und mit passender Farbgebung gearbeitet wird. Bei Wand- und Deckendurchführungen ist darauf zu achten, dass kein kraftschlüssiger Verbund von Heizrohrleitungen mit dem Putz entsteht, da es ansonsten zur Rissbildung kommen kann. In diesen Fällen sind Schutz- und Mantelrohre zu verwenden. Soll durchaus eine Verkleidung erfolgen, etwa für die horizontale Heizungsverteilung, so bieten einfache schreinermäßige Lösungen aus zwei Holzleisten meist eine bessere Optik als die vielen handelsüblichen Kunststoffprofile und Holzimitate. Die verwinkelte Raumgeometrie vieler Altbauten mit Nischen und Versprüngen lässt sich kaum mit genormten rechtwinkligen Formstücken nachbilden. Bei stark unebenen Wänden wirkt der Wandabschluss der Sockelleisten unsauber und dient als Staubfänger.

Auch in der Verteilung sind mitunter alternative Konzepte zweckmäßig (siehe auch Kapitel 6.4.1). Bei Zentralheizung und geschossweiser horizontaler Leitungsverteilung ist die Verlegung im Fußboden ungünstig, da die Ausgleichsschicht für die Leitungen unterhalb der Trittschalldämmung einen hohen Aufbau bedingt. Im Fall von abgehängten Decken gibt es die Möglichkeit zur Führung der Leitungen in der Decke. Die Vorteile der Deckeninstallation sind geringer Platzbedarf, kontrollierbare und zugängliche Verlegung. Nachinstallationen sind möglich. Schäden durch Lecks werden sehr schnell bemerkt und sind leicht zu orten.

Elektroinstallation

Von der elektrischen Energie gehen Gefährdungen aus, die weder sichtbar noch hörbar sind, aber tödlich wirken können. Deshalb muss eine präventive Vorgehensweise stets den aktuellen Sicherheitsstandards entsprechen. In alten Gebäuden ist häufig eine komplette Neuinstallation nötig. Günstig sind viele separate Stromkreise mit eigenen Absicherungen und kurze Leitungswege durch Unterverteilungen. Dabei ist die Wertigkeit der Räume zu beachten. Zuleitungen und Verteilerdosen gehören in untergeordnete Räume. Generell sollten substanzschonende Verlegearten gewählt werden. Elektroleitungen können auf Putz, in oder unter Putz, oberhalb einer Fußleiste, innerhalb einer Installationsfußleiste oder in Installationskanälen verlegt werden. Bei In- und Unterputzverlegung sind grundsätzlich Elektro-Installationsrohre zu verwenden. Damit die Leitungszüge nicht nachträglich an der Wandoberfläche sichtbar werden, sind sie in ihrem gesamten Verlauf ausreichend mit Putz zu überdecken. Eine verdeckte Verlegung ist in Verbindung mit neuen Zwischenwänden, Unterdecken, Sockelleisten oder Verkleidungen möglich. Das Fräsen von Leitungsschlitzen an alten Decken kann zum Ablösen ganzer Putzfladen führen, sofern der Deckenputz auf Rohrgewebe aufgetragen ist. In denkmalwerten Gebäuden sind gemäß VDI 3817 »Technische Gebäudeausrüstung in denkmalwerten Gebäuden« keine Steglei-

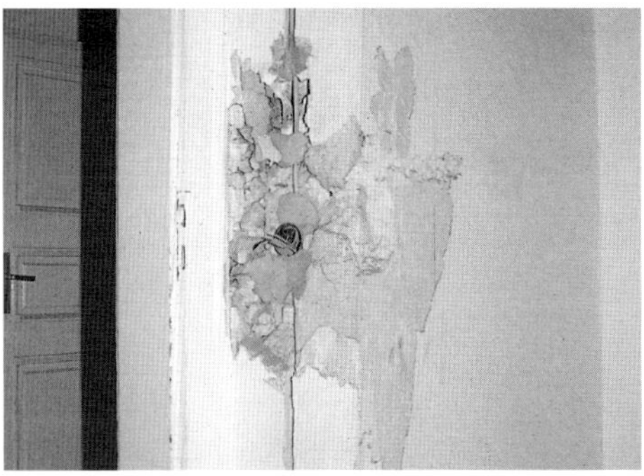

Schlachtfeld: Den Schalter in die Wand zu setzen, ist nicht ganz einfach bei hartem Steinuntergrund.

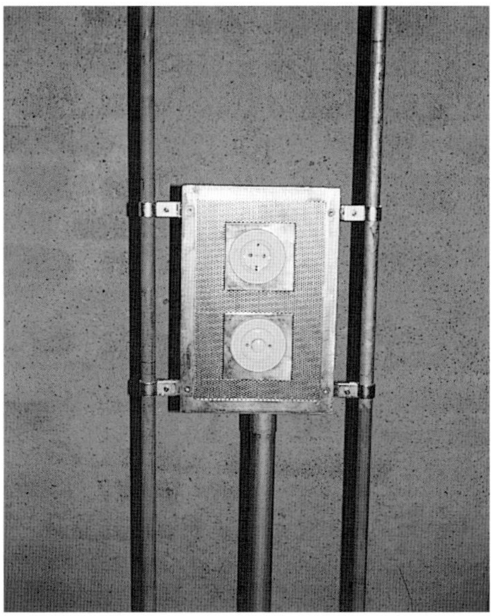

Ein »Hingucker«: Elektroinstallation auf der Wand, formal ansprechend gelöst.

tungen nach DIN VDE 0250 Teil 201 »Isolierte Starkstromleitungen, Stegleitungen« (NYIF, NYIFY) zu verwenden. Unter Putz verlegte Leitungen, die den Sicherheitsanforderungen und Nutzerbedürfnissen nicht mehr genügen, sind vom Netz zu trennen, aber in der Wand zu belassen.

Sanitärinstallation

Kritisch bei der Sanitärinstallation sind vor allem Leitungsführung, Abdichtung und Entlüftung. Und Probleme gibt es reichlich, ein Großteil der Schäden an alter Bausubstanz ist immer noch auf den sorglosen Umgang mit Wasser zurückzuführen. Die optimale Entwurfsgestaltung bedarf der engen Abstimmung von Planer und Fachingenieur. Im Altbau sind unkonventionelle Lösungen gefragt. Oft entsteht zusätzlicher Raumbedarf, womit Probleme der Umnutzung von ursprünglich anders genutzten Räumen verbunden sind. Die freie Grundrissgestaltung im mehrgeschossigen Wohnungsbau bleibt freilich Theorie, da die Nassbereiche übereinander liegen sollten, um die Leitungsführung und den Schallschutz zu verbessern. Anzustreben ist die Bündelung der Installationen von Bad und Küche in einer gemeinsamen Installationswand.

Trinkwasser

Gerade im Sanitärbereich gibt es eine Vielzahl an Produkten einschließlich der jeweils für spezielle Systeme erforderlichen Werkzeuge. Neben dem traditionellen Verschrauben, Verschweißen und Löten werden moderne Verbindungstechniken wie Pressen, Klemmen, Kleben oder Kaltverschweißen immer häufiger eingesetzt. Dazu gehören natürlich die entsprechenden Materialien, von Kupfer, Stahl, Edelstahl, Kunststoffen wie PVC, Polybuten (PB), Polypropylen (PP) bis zu diversen Verbundmaterialien aus mehreren Werkstoffen. Da man keine Langzeiterfahrungen hat, sind alle neuen Techniken zunächst mit Vorsicht anzuwenden. Komplettsysteme namhafter Hersteller umfassen die Installation bis zur Zapfstelle. Sie bieten Sicherheit und Beständigkeit im System, jedoch ist mit der begrenzten Anzahl an Fittings und Formstücken die Anpassung an altbautypische Situationen nicht immer möglich. Spätere Probleme durch Undichtheiten haben ihre Ursache weniger in den Verbindungstechniken an sich als vielmehr in Schwierigkeiten bei der herstellergerechten Anwendung der unterschiedlichsten Montagesysteme unter baupraktischen Bedingungen. Ein wesentlicher Grund, um auch diese Bauleistung von ausgewiesenen Fachleuten durchführen zu lassen.

Trinkwasserleitungen müssen immer eine Wärmedämmung erhalten, bei Warmwasser zur Vermeidung von Wärmeverlusten und bei Kaltwasser zur Vermeidung von Kondensat. Sofern die Zapfstellen weit auseinander liegen, ist die dezentrale Warmwasserbereitung geeignet. Die Verlegung von Rohrleitungen unter Putz ist nicht altbau- und denkmalgerecht (DIN 1053 »Mauerwerk« Blatt 1, siehe Kapitel 5.2.5). Über gefährdeten Decken bietet die Rohr-in-Rohr-Verlegung Schutz vor Durchfeuchtung. Eine schnelle Reaktion auf Wasserschäden ist durch die Montage eines Mess- und Steuergeräts hinter der Wasseruhr möglich. Bei Überschreiten einer bestimmten Durchflussmenge (Bruch) beziehungsweise bei ständigem Wasserdurchfluss (offener Hahn, Tropfstellen) wird das Absperrventil selbsttätig geschlossen.

Abwasser

Die Abwasserleitungen stellen das unflexibelste Rohrsystem dar. Große Leitungsquerschnitte und natürliches Gefälle engen den Planungsspielraum erheblich ein. Das »Wegdrücken« in untergeordnete Räume und das Reduzieren der Rohrdurchmesser auf der Grundlage errechneter hydraulischer Leistungen erfordert eine hohe Planungskompetenz. Dieser höhere Planungsaufwand zahlt sich aber erfahrungsgemäß in Flächen- und Kosteneinsparungen aus.

Alte Hausanschlüsse und Grundleitungen sind häufig undicht. Die sichtbare Folge sind Feuchteschäden in Keller und aufgehendem Mauerwerk. Dabei liegt die horizontale Grundleitung selten tatsächlich »im Grund«. Abflussrohre, die unter dem Gebäude verlegt sind, können Feuchteschäden verursachen, die durch Drainage nicht zu bekämpfen sind. Besser ist es, die Abwasserleitungen sichtbar im Gebäude zu verlegen. Fallleitungen sollen kurz, knickarm und revisionierbar verlegt werden. Die Verlegung von Fallrohren auf der Wand ist substanzschonender und preiswerter als das Stemmen von Wandnischen. Die horizontale Anbindung kann unter einer aufgeständerten Dusche beziehungsweise einer Badewanne auf Sockel, in einer Raumecke mit einer Verkleidung als Stufe oder Podest oder innerhalb der Vorwandinstallation erfolgen. Der Leitungsverzug in Holzbalkendecken ist beliebt, aber in der Ausführung recht problematisch. Innerhalb von Holzbalkendecken muss der Wechsel im Tragwerk beachtet werden, der mitunter einen vertikalen Verzug in der Raumecke unmöglich macht. Bei historischen Deckenaufbauten steht aufgrund des Zwischenbodens mit Einschub nicht die volle Deckenhöhe zur Verfügung. Daraus resultieren Probleme mit dem notwendigen Gefälle der Leitungen. Außerdem kommt es zur Minderung des Brand- und Schallschutzes. Häufig ist es deshalb besser, die Leitung auf oder unter der Decke zu führen. Die Dämmung von Abwasserrohren ist nur bei Durchquerung kalter Bereiche oder aus Schallschutzgründen erforderlich.

Vorwandinstallation
Hierbei handelt es sich um eine saubere und wirtschaftliche Installationsart, bei der die Schnittstellen mit der Bausubstanz auf ein Minimum reduziert werden. Trotz aller Vorteile der Vorwandinstallation – etwa als Ständerwand mit Gipskartonbeplankung und Fliesenbelag – können auch Probleme auftreten, wie etwa Kondensatbildung bei der Installation an Außenwänden. Feuchte Raumluft kann in den Installationshohlraum gelangen, da die Fugen an den Stößen der Platten und Fliesen nicht dicht sind. Daher ist die Installation an der Innenwand vorzuziehen. Bei Verzug von Abwasserleitungen in der Vorwandinstallation besteht die Gefahr, dass ein Wasseraustritt durch Lecks nicht bemerkt wird. In der Nähe von störanfälligen Verbindungen und Umlenkungen sind Revisionsöffnungen vorzusehen.

Materialkontrast: Dieser Anschluss wird schwierig.

Das Einpassen der Installationswand in den Gewölbebogen führt zu einer technisch und formal kaum lösbaren Problemstelle.

Abdichtung von Bädern

Nassbereiche in Wohnungen gehören zu den schadensträchtigsten Fachgebieten im Hochbau. Besonderes gefährdet sind der Duschbereich sowie der Badfußboden. Schadensursache ist selten der plötzliche Wassereinbruch, sondern sind eher die kleinen aber regelmäßigen Mengen an Spritzwasser und der stete Tropfen eines Lecks in der Rohrverbindung. Sie können auf Dauer zu schweren Schäden an Deckenbalken oder tragenden Innenwänden aus Fachwerk führen, vom oberflächlichen Befall durch Schimmel bis zur völligen Zerstörung durch Pilze und Insekten.

Kritisch ist generell die Anordnung von Nassräumen über Holzbalkendecken. In diesem Fall ist immer eine Abdichtung des Bodens erforderlich. Einen sicheren Schutz vor Spritzwasser und Durchfeuchtung bieten vorgefertigte Sanitärzellen. Aufgrund der geringen Gestaltungsmöglichkeiten werden sie im Wohnungsbau kaum akzeptiert, bieten jedoch für Wohnheime, Hotels und ähnliche Gebäude mit starker, wechselnder Belegung eine angemessene Lösung. Elementierte Sanitärzellen, die erst auf der Baustelle zu kompletten Badeinheiten zusammengesetzt werden, sind für den Altbau gut geeignet. Sie bestehen aus einzeln tragbaren Elementen. Hochwertige Zellen ermöglichen variable Größen und Grundrisse in einem vorgegebenen Raster. Bei Sanitärzellen ist besondere Sorgfalt auf die sichere und dauerhafte Verbindung der Zellenabgänge mit den bauseitigen Ver- und Entsorgungsleitungen zu verwenden.

Für die Abdichtung des Bodens über Holzdecken ist aus Gründen der Lastbegrenzung und zur Vermeidung von Baufeuchte der Trocken-

Bagatellen wie diese abgerissene Fugendichtung können auf Dauer zu schweren Feuchteschäden führen.

Die hier versuchte Feuchtesperrung durch aufgenagelte Bitumenpappe in einem ehemaligen Nassraum beschleunigte nur die Verrottung des Holzständers.

bau zu wählen. Eine wasserundurchlässige Abklebung mit Dichtungsbahnen wird auf dem Fußboden und an den Duschwänden aufgebracht sowie umlaufend an den Wänden hochgeführt. Die Abdichtung muss auch an der Tür bis über die Schwelle erfolgen. Bei erhöhtem Fußbodenniveau sollte die Schwelle der Tür ebenfalls erhöht werden. Die DIN 18195 »Bauwerksabdichtungen« fordert eine umlaufende Abdichtung bis 15 cm Höhe, was im Altbau erfahrungsgemäß nur schwer zu verwirklichen ist. Die Abdichtung des Übergangs zwischen Boden und Wand lässt sich vorteilhaft mit einer Vorwandinstallation in Ständerbauweise kombinieren, deren Beplankung die hochgezogene Abdichtung überlappt. Rohrdurchführungen sollten nur oberhalb der Abklebung erfolgen. Die Anzahl der Durchstöße der Dichtungsbahn wird verringert durch: Den Einsatz wandhängender Elemente, die Montage von Badewanne und Duschwanne auf Sockeln mit Ableitung über Boden und den Verzicht auf Bodenabläufe. Kritische Detailpunkte sind die Durchdringungen für Rohrleitungen und Armaturen in den Duschenwänden. Hier sind die Verlegeanleitungen der Hersteller von Armaturen genau zu beachten.

Bodenbeläge aus Fliesen mit Unterböden aus Holzwerkstoffen, zumeist Spanplatten, sind kritisch, da die Schwind- und Quellbewegungen der Platte bei Holzfeuchteänderungen zu Rissen und Brüchen im Fliesenbelag führen können. Großflächige Verfliesungen täuschen eine bei feuchteanfälligen Unterkonstruktionen nicht gegebene Sicherheit vor und verführen zu übermäßigem Wasserplansch. Generell sind Fliesenbeläge niemals ganz wasserdicht. Allerdings schränken sie die Dampfdiffusion und vor allem die Feuchtepufferung der Wandoberfläche erheblich ein. Einmal durchfeuchtete Bereiche können nur sehr schwer wieder austrocknen. Im Spritzwasserbereich sind Fliesenbeläge wichtig und notwendig. In den verbleibenden Wand- und Deckenbereichen sollten sorptionsfähige Materialien wie dampfdurchlässige Farben, Putze und unversiegelte Holzbekleidungen (Holz nicht an der Außenwand) eingesetzt werden, um die Lüftung in der Feuchteabfuhr zu entlasten.

Dachentwässerung

Die Dachentwässerung kann als Achillesferse alter Gebäude bezeichnet werden. Selbst bei umfangreichen Instandsetzungsarbeiten wird der Dachentwässerung nur bedingt die erforderliche Aufmerksamkeit geschenkt. Doch ist die Gefahr erheblicher Bauschäden durch eine unzureichende Entwässerungstechnik bei Baudenkmälern fatal.

Steter Tropfen höhlt den Stein. Kleines Leck im Fallrohr beeinträchtigt die Standsicherheit der Natursteinkonstruktion.

Diese Leitungsführung kann hydraulische Probleme verursachen.

Rücksichtslose Leitungsführung vor einer Sonnenuhr.

Regenfallleitungen sind an der Außenseite von Gebäuden anzubringen und so zu leiten, dass keine hydraulischen Probleme und keine formalen Beeinträchtigungen entstehen. Im Verkehrsbereich sind die Fallrohre bis zu einer Höhe von zwei Metern gegen Beschädigungen besonders zu sichern. Das erfolgt heute meist durch dickwandige Standrohre.

Aus historischen Darstellungen ist bekannt, dass Regenfallrohre in gefährdeten Bereichen häufig in Wandnischen untergebracht waren oder ins Gebäudeinnere verlegt wurden. Diese Möglichkeit wird heute viel zu selten genutzt. Dabei bietet die DIN 1986 »Entwässerungsanlagen für Gebäude und Grundstück« die Möglichkeit, Regenwasserleitungen planmäßig vollgefüllt zu betreiben und wie Schmutzwasserleitungen innerhalb von Gebäuden zu installieren. Für die Denkmalpflege ergibt sich hierbei insbesondere die Aussicht, die historische Disposition besser berücksichtigen zu können. Die auf dem Markt befindlichen Hochleistungs-Dachentwässerungssysteme bieten wesentliche technische und wirtschaftliche Vorteile. Sie unterscheiden sich von der herkömmlichen Regenwasserleitung durch speziell ausgebildete Dachabläufe, die beim Erreichen der berechneten Regenwassermengen die Lufteinführung unterbinden, sowie durch eine auf Vollfüllung der Leitungen ausgerichtete Rohrdimensionierung.

Beim herkömmlichen Fallrohr wird Luft bis zum 30fachen der Wassermenge mit in das Rohr eingesogen. Daraus lässt sich auch die großzügige Bemessung der Fallrohre ableiten. Sobald der Luftzutritt unterbunden ist, wird dieses Volumen nicht mehr benötigt, die Quer-

Schutzmaßnahme im Verkehrsbereich durch gusseisernes Standrohr.

Schutzmaßnahme im Verkehrsbereich durch Wandnische.

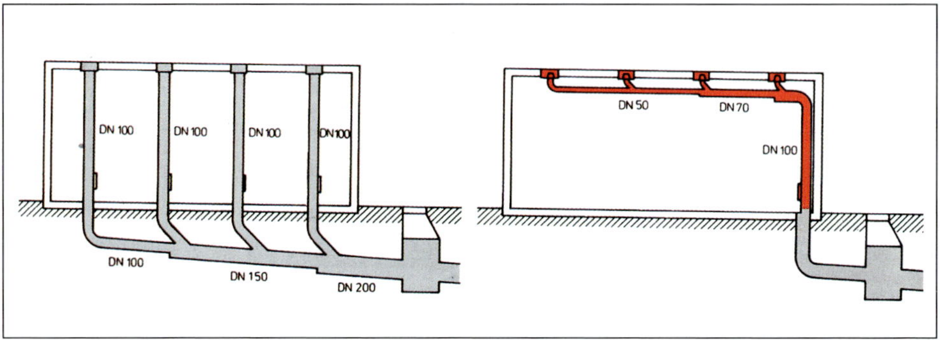

Systemgegenüberstellung

schnitte können erheblich reduziert werden. Die Rohrquerschnitte sind also wesentlich kleiner als bei herkömmlichen Entwässerungssystemen. Die geodätische Höhe führt bei einer vollgefüllten Regenwasserleitung zu einer Strömungsdynamik, die es ermöglicht, Rohrleitungen auch über große Strecken waagerecht zu führen.

So verfügt die Denkmalpflege mit dieser Entwässerungstechnik auch über die Möglichkeit, zum Beispiel unter hölzernen Turmhelmen und Dachstühlen, die über besonders schützenswerter Bausubstanz wie Gewölbedecken, Räumen mit Wand und Deckengemälden, wertvollen Inneneinrichtungen und Kunstgegenständen liegen, an feuerwiderstandsfähigen Decken eine vorsorgliche Löschwasserabflussmöglichkeit zu schaffen. Auf diese Weise kann auch einer immer wieder erhobenen Forderung der Feuerwehr nach sinnvoller Kombination von denkmalgerechtem Sachschutz und wirksamem Löschmitteleinsatz entsprochen werden.

Vorteile planmäßig vollgefüllter Rohrleitungen:

- Wasserstau auf dem Dach wird vermieden
- Rohrleitungen werden ohne Gefälle verlegt
- Selbstreinigung durch hohe Fließgeschwindigkeit
- Rohrdimensionen werden erheblich kleiner
- Rohrgräben, Schächte und Grundleitungen entfallen
- Kürzere Bauzeit durch erleichterte Montage
- Isolierkosten fallen durch kleinere Rohrdurchmesser geringer aus
- Konstruktive Zwischendeckenhöhe kann verringert werden
- Einsparungen beim Rammschutz, bedingt durch weniger Fallleitungen
- Preisvorteile durch Material- und Lohneinsparungen.

Wasserspeier sind historisch bewährte und ökologisch sinnvolle Ableitungssysteme.

Aber auch der altbewährte Wasserspeier sowie die offene Bodenrinne und Gosse dürfen nicht in Vergessenheit geraten. Dort, wo sie möglich und erlaubt sind, sollte man diese alten Ableitungstechniken nutzen; sie sind oft ästhetischer als herkömmliche Rinnen-Rohr-Kombinationen. Auch kämen sie der ökologischen Forderung entgegen, Regenwasser verstärkt in Sickergruben zu leiten, um den strapazierten Grundwasserhaushalt nicht noch mehr zu belasten.

So nicht!

Wie (ver)heizt man ein Denkmal? Selbst derart drastische »Heimwerkerlösungen« sind immer noch zu finden.

Wenn man einmal dabei ist … Offene Leitungsführung – so bitte nicht.

»Unter Putz« – so bitte auch nicht.

Dreck und Korrosion – häufig anzutreffende Situation in Altbauten.

Wandöffnungen für Außenwandheizer sind oft Anlass für Flickwerk und Provisorien. Das kleine Rohr hat dann mitunter große Folgen.

Unnötiges Gefahrpotential durch Heizleitung in alter Bibliothek. Der Feuchtefleck an der Decke ist Zeuge eines bei Frost zerborstenen Ausdehnungsgefäßes.

Besser so!

Formal überzeugende Einbindung des Heizkörpers in die Wandnische.

Elektro-Verteilerschrank hinter nicht mehr genutzter Tür.

Im ehrwürdigen Festsaal verbietet sich sowohl die Unterputzinstallation als auch die offene Leitungsführung, in der Fußleiste war noch Platz.

Eine vorbildlich gepflegte Gasinstallation: Die Leitungen sind von der Wand abgesetzt, mit einem Schutzanstrich versehen und durch die Farbe Gelb als gasführende Teile gekennzeichnet.

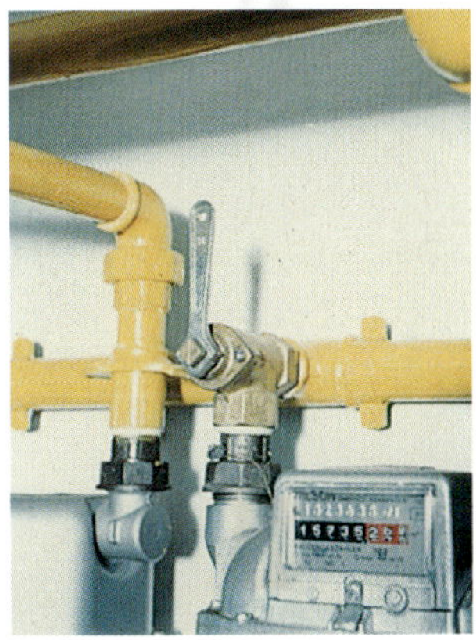

Manchmal passt der »Heizraum« unter die Treppe. Die frühzeitige Abstimmung von Fachplaner und Architekt ermöglichte den platzsparenden Einbau der Fernwärme-Überträgerstation.

Durch die Aufteilung der Abluftströme über mehrere kleine Lüfterziegel gelang es, ein sichtbares Abluftrohr in der Dachfläche zu vermeiden.

5.2.5 Standsicherheit und Tragfähigkeit

Um die Tragfähigkeit von Bauteilen und Konstruktionen zu beurteilen, muss man zunächst den Aufbau und die Kräfte kennen. Das kann schwierig werden. Bereits Ende des 19. Jahrhunderts gab es dutzende Typen von Holzdecken oder Stahl-Holzdecken in wiederum verschiedenster Ausführung. Dann folgte mit dem Aufkommen der Massivdecken und hier besonders der Stahlsteindecken eine kaum noch zu überblickende Vielfalt an Konstruktionsarten und Sonderformen. Was können der TGA-Ingenieur und der Installateur entscheiden? Wann muss ein Statiker hinzugezogen werden?

Schlitz- und Durchbruchspläne sind frühzeitig mit allen Beteiligten abzustimmen. Aussparungen sind nur dann zulässig, wenn die Standsicherheit nicht gefährdet wird. Unter Kontrolle der Bauleitung sollten Musterdurchbrüche und Musterschlitze erläutert und geübt werden. Generell hat die Nutzung verfügbarer alter Kanäle, Durchbrüche, Schächte den Vorrang gegenüber neuen Öffnungen. Vorteilhaft für die Befestigung von Geräten und Sanitärgegenständen sind selbsttragende eigenstabile Elemente für den Trockenausbau (Vorwandinstallation). Vorsicht geboten ist bei der Verwendung von Ortschaum für die Montage. Nicht allein, weil der Schaum als Dampfsperre wirkt und Feuchteschäden begünstigt. Der Pressdruck des Schaums kann außerdem zu einem Kraftschluss zwischen Leitungen und Bauteilen führen. Leitungsverlauf und Rohrbefestigung müssen generell die Bewegungsfreiheit der

Bruch im Türsturz: Die Leitung wird's schon halten.

Rohre aufgrund der Längenänderung bei Wärmedehnung berücksichtigen. In Wand- und Deckendurchdringungen ist eine dünne weiche Dämmung als Abstandhalter vorzusehen.

Decken und Gewölbe
zur horizontalen Gliederung, zur Aufnahme von Lasten und zur Aussteifung der Baukonstruktion.

Holzbalkendecken
Für übliche Holzbalkendecken beträgt die maximal zulässige Belastung 250 kg/m^2. Kritisch sind punktförmige Belastungen, wie sie aus der Montage von Warmwasserspeicher, Heizkessel oder Nachtstromheizspeicher resultieren. Ein typischer Schaden ist ein Riss im Fliesenboden bei der Aufstellung der Badewanne längs zu den Balken. Besser ist die Aufstellung quer zu den Balken oder das Verlegen eines gewichtsverteilenden Elements (horizontale Scheibe) unter der Wanne. Wichtig ist es deshalb, die Spannrichtung der Balken zu erfragen oder besser selbst zu prüfen. Die Balken sind meist rechtwinklig zur Außenwand über die kürzeste Raumtiefe verlegt. Bei mehrgeschossigen Wohnhäusern können unter Umständen die Richtungen stockwerksweise wechseln.

Gewölbe aus Mauerwerk
Bis zum Aufkommen der flachen Massivdecken Ende des 19. Jahrhunderts waren massive gewölbte Decken die einzige Alternative zu den Holzbalkendecken. In Wohnhäusern beschränkte sich die Anwendung meist auf die Decke über dem Keller. Grundlage von Baumaßnahmen am Gewölbe ist die Kenntnis von der Tragwirkung. Die »räumliche« Lastableitung im Kreuzgewölbe ist schwerer zu beurteilen als der »einachsige« Kräfteverlauf in Gewölbetonnen. Bei Gewölben ist es am besten, durch den Scheitel zu bohren, niemals durch die Kapitelle, da hier die stärksten Kräfte wirken. In gemauerten Gewölben kann als Richtgröße für die maximale Größe der Öffnungen die Breite eines Mauersteins herangezogen werden. Bei größeren Steinen sind größere Öffnungen möglich, bei kleinen Steinen demnach nur kleinere Öffnungen, da ansonsten das Gefüge zu stark gestört wird.

Kappendecken
Kappendecken aus Mauerwerk und Stahlträgern, wie etwa die bekannte preußische Kappe, gibt es seit Ende des 19. Jahrhunderts. Probleme

bereiten vor allem durchgerostete Untergurte der Stahlträger. Bei nachträglichen Öffnungen in Decken besteht akute Einsturzgefahr, wenn das Gleichgewicht des Gewölbedrucks gestört wird.

Wände

zur vertikalen Teilung und Gliederung sowie zur Aufnahme von Lasten und zur Aussteifung.

Mauerwerk

Bruchsteinmauerwerk ist nur gering, Mauerwerk im Verband bedeutend stärker belastbar. Beim Auftrennen und Durchstoßen von Mauerwerk ist möglichst erschütterungsarm zu arbeiten, denn bei Erschütterungen und Vibrationen droht die Lockerung des Materialgefüges weit über den eigentlichen Arbeitsbereich hinaus. Ein typisches Beispiel ist das Ablösen einer Stuckdecke bei Einsatz von schwerem Gerät im darüber liegenden Raum. Schlitze im Mauerwerk sind im Verband zu mauern oder zu fräsen; das Stemmen von Schlitzen ist unzulässig. Dabei muss die festgelegte Schlitzbreite beachtet werden, unter Berücksichtigung der Isolierung der Rohre nach Heizungsanlagenverordnung. Sofern horizontales Schlitzen erforderlich ist, nicht in Wandmitte, sondern direkt über Fußboden oder direkt unter Decke arbeiten. Das Verlegen von Leitungen in Schlitzen sollte immer in Abstimmung mit dem Statiker erfolgen. Vertikales Schlitzen ist weniger gefährlich bei dem für Wände typischen senkrechten Lastabtrag. Natürlich resultiert aus jeder Wandschwächung eine Schall- und Wärmebrücke und damit auch eine erhöhte Gefährdung für Feuchteschäden.

In der DIN 1053 Teil 1 »Mauerwerk« sind die ohne statischen Nachweis zulässigen Wandschlitze und -aussparungen in aussteifenden und ausgesteiften Wänden dargestellt.

- Wanddicke ≥ 24 cm
- Schlitzhöhe ≤ 6 cm
- Schlitztiefe ≤ 3 cm beziehungsweise ≤ 1 cm bei Zweikammer-Hohlblocksteinen
- Nicht mehr als zwei Schlitze je Wand, jeweils im oberen und unteren Drittel. Dabei 50 cm Mindestabstand voneinander.
- Bei Mehrkammer-Hohlblocksteinen sind im Bereich eines Wanddrittels nur Aussparungen auf einer Seite zulässig.
- Waagerechte und schräge Schlitze sind in Wänden aus Einkammer-Hohlblocksteinen unzulässig.

Rücksichtslose Verlegung des Fallrohrs mit Zerstörung des Holzknotens.

Selten kommt es andersrum: Leitung hält Gefach vor dem Herausfallen.

Fachwerk

Das gesamte Traggefüge eines Fachwerkhauses ist in der Lage, bestimmte Laständerungen aufgrund von Grundrissänderungen oder den Einbau von Bädern, Kesseln, Öfen oder Ähnlichem durch flexible Kräfteumleitung und Lastverteilung in gewissen Grenzen aufzunehmen. Mitunter kommt es zu Bewegungen, Verformungen und Rissen, jedoch selten zum Einsturz. Holzfachwerk und andere Ständerkonstruktionen sind als Einzelbauteil jedoch nur gering belastbar. Waagerechte Leitungen unter Putz sind kaum möglich, da keine Fachwerkständer beschädigt werden dürfen. Bei sehr dickem Putz auf der Innenseite (Lehmputz) gelingt mitunter der waagerechte Leitungsverzug vor der Wand, allerdings droht hier Gefahr durch Rissbildung im Putz. Besteht die zwingende Notwendigkeit, die Leitung im Holz zu führen, so sind saubere Kernbohrungen gegenüber dem einseitigen Schlitzen vorzuziehen. Der

Durchmesser von Kernbohrungen in Holzbalken sollte nicht mehr als 1/6 des Holzquerschnittes betragen. Die vertikale Verlegung »unter Putz« ist ebenfalls sehr aufwendig und substanzschädigend.

Trennwände
Seit Mitte des 19. Jahrhunderts wurden Innenwände häufig als leichte Wandkonstruktionen ausgebildet, um die Raumaufteilung unabhängig vom Tragsystem zu gestalten. Als Baumaterial wurden dünnes Fachwerk mit Rabitz, Lochziegel, Hohlsteine, Schwemmsteine, Leichtbauplatten, Gipsdielen und anderes eingesetzt. Diese Konstruktionen sind nur sehr bedingt tragfähig, so dass ohne Kenntnis des Wandaufbaus keine Leitungen montiert oder wandhängende Objekte befestigt werden dürfen.

5.2.6 Gebäudetypen und Beispiele

Mauerwerksbau
Typ: Mehrgeschossige städtische Mehrfamilienhäuser ca. von 1870 bis 1920 in massiver Bauweise
Merkmale
- große Geschosshöhe, hohe und großzügig geschnittene Räume
- Standardgrundrisse in Bürgerhäusern bereits seit 1900
- 1 1/2 bis 2 Stein dicke Außenwände, regional unterschiedliche Ausführungen, typisch für Norddeutschland ist das zweischalige Mauerwerk
- Innenwände meist aus 1/2 Stein Ziegel oder Fachwerk
- historisierende Fassadengestaltung bei Gründerzeitbauten
- Bauschmuck an Fassade und in Räumen, Stuckdecke meist im 1. Obergeschoss, Profilierungen, Hohlkehlen zwischen Wand und Decke
- Holzbalkendecken mit Dielenbelag und unterseitigem Putz auf Spalierlatten oder Rohrgewebe
- qualitätvolle Doppelfenster mit oberem Kippflügel, überwiegend Kastenfenster
- komplett unterkellert, Kellerdecken häufig aus gemauerten Kappen
- selten bauzeitlich realisierte Bäder, daher nachträglicher Einbau von Badezimmern oder Abtrennung von Nassbereichen
- WC mitunter noch auf Treppenpodest, teilweise noch Einzelofenheizung

Bewertung

- Bauhülle mit akzeptablem Wärme- und Schallschutz, gute Wärmespeicherung als Beitrag zum sommerlichen Hitzeschutz, Mauerwerk nicht so feuchteempfindlich wie Holzbauweise, aber Auflager der Deckenbalken kritisch
- nachträgliche Dämmung sowohl innen als außen prinzipiell möglich, aber selten erforderlich, ansonsten Probleme mit Fassade und Raumausstattung (siehe Kapitel 6.2 »Dämmen«)
- Mauerwerk in gewissen Grenzen durchaus tragfähig, aber keine Verformung und Entlastung wie Fachwerk, Höchstragfähigkeit von Holzbalkendecken beachten
- Anlage von Nassräumen auf Holzbalkendecken kritisch, Durchfeuchtung wird erst spät bemerkt, stetiges Eindringen von Tropfen bei Nutzung, Gefahr von Schimmel, Pilzen
- horizontaler Verzug von Abwasserleitungen in den Feldern der Holzbalkendecke ist beliebt, aber praktisch mit vielen Schwierigkeiten verbunden (siehe Kapitel 5.2.4 »Hinweise«)
- Standardgrundrisse vorteilhaft für vertikale Installationsschächte und Anordnung von Sanitärbereichen übereinander, Schallquellen werden auf eine vertikale Achse begrenzt
- ebenso Vorteile bei Gebäudezentralheizung mit horizontaler Verteilung im Keller und mehreren Steigleitungen, da bei gleichen Grundrissen nur kurze horizontale Anbindungen
- bei hohen Decken mitunter abgehängte Decke zur Leitungsführung sinnvoll

Van-de-Velde-Haus in Weimar

Henry van de Velde war Mitbegründer der Kunstgewerbeschule in Weimar, aus der später das Bauhaus hervorging. Sein Jugendstil-Wohnhaus hatte er selbst entworfen und 1911 bezogen. Nach dem Krieg wurde das Gebäude vom russischen Militär genutzt und später von mehreren Mietparteien bewohnt. Die häufige Umnutzung sowie die ständige Änderung der Wohnungszuschnitte führte zu einer sehr starken Abnutzung der Bausubstanz. Trotzdem waren noch bedeutende Teile der originalen Ausstattung erhalten. Die UNESCO förderte die Wiederherrichtung des Wohngebäudes.

Der erste Eindruck, den das Gebäude den Planern vermittelte, wurde durch den desolaten Zustand der Haustechnik bestätigt. Auch dieses Projekt belegte, dass der schlechte Gesamtzustand der haustechnischen

Sockelmauerwerk mit Wandheizgeräten vor der Sanierung.

Das Van-de-Velde-Haus nach der Sanierung.

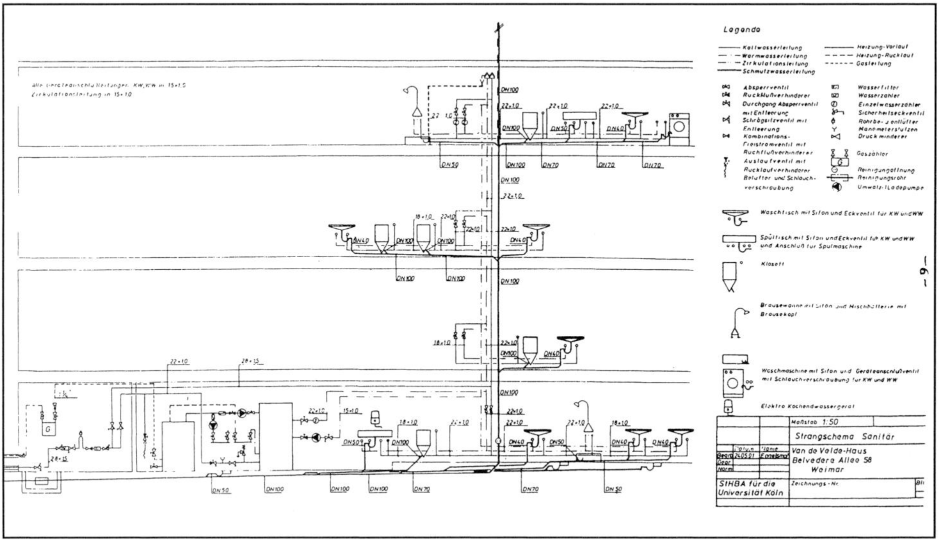

Strangschema der Sanitärinstallation.

Anlagen bereits außen am Schornstein wie auch an der Dachentwässerung zu erkennen ist. Die abgerissenen Fallleitungen der Dachentwässerung wie auch die gerissenen Schornsteinköpfe ließen nur einen Schluss zu: Das Kellergeschoss war stark durchfeuchtet, die zentralen Versorgungs- und Entsorgungssysteme waren defekt oder demontiert. Die zentrale Wärmeversorgung war durch Gas-, Elektro- oder Kohleöfen ersetzt worden. Auch die Warmwasserbereitung hatte sich mehrere Energieträger erschließen müssen, da die variablen Raumbelegungen Anschlüsse an die vorhandenen Schornsteinanlagen nicht immer zuließen. Zur Zeit der Bauaufnahme war die gesamte Wasserver- und Entsorgung auf dem Grundstück zusammengebrochen.

Die Zielsetzung der Gebäudesanierung sah vor, die Räume im Erdgeschoss, gemäß vorliegenden Dokumenten, wieder in den »Originalzustand« zu versetzen. Sie sollten musealen Charakter erhalten. Das Kellergeschoss wurde für Sozialräume und eine Werkstatt vorgesehen. Im Obergeschoss sollten Büroräume einer Verwaltung, und im Dachgeschoss sollte eine Hausmeisterwohnung entstehen. Somit waren die Arbeitsstättenrichtlinien ebenso zu berücksichtigen wie die sonstigen baufachlichen Regelwerke. Die UNESCO-Kommission hatte der haustechnischen Planung aufgetragen, das Erscheinungsbild der Innenräume nicht durch Installationen zu beeinträchtigen. Hierzu zählten auch Heizungsrohre.

Die Überprüfung von Gas-, Wasser-, Abwasser- und Heizungsinstallation ließ nur eine Grundinstandsetzung als sinnvoll erscheinen. Die Planung berücksichtigte daher eine Demontage der sichtbaren Installationen. Die im Mauerwerk vorhandenen Leitungen wurden aus Gründen der Substanzerhaltung nicht entfernt. Anhand vorliegender Fotos gelang es, die ursprünglichen Standorte der Heizkörper zu lokalisieren. Henry van de Velde muss eine Aversion gegen Heizkörper gehabt haben, denn zumindest im Erdgeschoss waren sie durch Paravents seinem Blick entzogen.

Nach Auswahl der Standorte von Heizkörpern und von sanitären Ausstattungsgegenständen, musste eine Trassenführung gewählt werden, die sowohl technisch zweckmäßig als auch denkmalpflegerisch akzeptabel war. Da das Gebäude über zwei Schornsteine verfügte, die neue Zentralheizung jedoch nur einen Abzug benötigte, wurde die Leitungsführung im Schornstein in Erwägung gezogen. Diese Vorgehensweise bietet sich häufig an, klingt auch plausibel, ist aber in der praktischen Umsetzung recht kompliziert. Den Schornstein als Steigeschacht zu nutzen, setzt voraus, dass ein Großteil der Installation derartig exakt vorgefertigt wird, dass stets eine maßgenaue Anbindung auf allen Ebenen gewährleistet ist. Eine spätere Überprüfung der Rohrleitungen und die Instandsetzung sind bei dieser Lösung recht aufwendig. Daher wurde eine Alternative gesucht. Auch diese Baumaßnahme zeigte, dass im Altbaubereich die Trassenführung, insbesondere unter dem Aspekt einer beispielhaften und denkmalgerechten Projektierung, viel Aufmerksamkeit beansprucht. Die »unflexibelste« Leitungsführung weist immer die Abwasserleitung auf. Es war den Planern gelungen, den Bauherrn davon zu überzeugen, die Sanitärräume übereinander anzuordnen, um die Abwasserführung auf eine Achse zu zentrieren. Da alle Installationen auf der Wand montiert werden sollten, musste das Abwasserrohr DN 100 verkleidet werden. Es sprach nichts dagegen, diese »Verkleidung« so groß auszuführen, dass alle Leitungen die vertikale Trasse nutzen konnten. Dem Strangschema sind die Leitungsverteilung sowie die Anschlüsse der Objekte zu entnehmen (Seite 82). Die horizontale Leitungsführung im Ober- und Dachgeschoss erfolgte jeweils im Bereich des Drempels. Aus Schallschutzgründen wählte man gusseiserne Abwasserrohre. Eine Gasheizung diente zur zentralen Wärmeerzeugung. Die Gasinstallation wurde komplett erneuert. In den Schornstein wurde eine Innenschale aus Edelstahl eingezogen und anschließend wärmegedämmt. Der zweite Schornstein wurde bauseits saniert und geschlossen.

Fachwerkhaus

Typ: Ein- und mehrgeschossige städtische und ländliche Fachwerkhäuser mit regional und bauzeitlich variierender Ausführung

Merkmale

- geringe Geschosshöhe, »individuelle« verwinkelte Grundrisse
- dünne Außenwände von 12 bis 20 cm, Holzbalkendecken
- Bauausführung variiert nach Holzart und Dicke, Ausfachung, Bekleidung usw.
- Feuchteanfälligkeit des Materials Holz, klimaabhängige Dimensionsänderungen, Quell- und Schwindbewegungen, Brandgefahr durch hohen Holzanteil
- typisch sind starke Niveauunterschiede in Fußböden und Decken, Wände sind nicht gerade und stehen nicht übereinander, Versprünge, Unterzüge usw.
- ländliche Fachwerkhäuser (Bauernhaus) häufig mit »ungünstigem« Grundriss, etwa: Breite 6 m, Länge 18 m, Anbauten usw.

Bewertung

- Bauhülle mit recht geringem Wärme- und Schallschutz, relativ geringe Speichermasse
- vorteilhafte raumklimatische Wirkung von Holz- und Lehmbauweise
- nachträgliche Dämmung außen bei Sichtfachwerk fragwürdig, innen bauphysikalisch bedenklich, Kondensat, eingeschränkte Trocknung (siehe Kapitel 6.2 »Dämmen«)
- Höchstragfähigkeit von Holzbalkendecken und Fachwerkwänden

beachten, Laständerungen können im Allgemeinen durch das flexible Traggefüge recht gut aufgenommen werden durch Kräfteumleitung und Lastverteilung

- Leitungsführung unter Putz statisch bedenklich und aufwendig, saubere Kernbohrungen sind besser als einseitiges Schlitzen von Balken (siehe Kapitel 5.2.2 »Standsicherheit und Tragfähigkeit«)
- Anlage von Nassräumen auf Holzbalkendecken kritisch, Durchfeuchtung wird erst spät bemerkt, stetes Eindringen von Tropfen bei Nutzung, Gefahr von Schimmel- und Pilzbefall
- horizontaler Verzug von Abwasserleitungen in den Feldern der Holzbalkendecke ist beliebt, aber praktisch mit vielen Schwierigkeiten verbunden (siehe Kapitel 5.2.4 »Hinweise«)
- Gebäudezentralheizung schwierig, Etagenheizung oder Einzelöfen vorteilhaft (aber Brandgefahr), Tragfähigkeit der Wände beachten, leichte Heizkörper mit geringem Wasserinhalt
- leichte Fachwerkkonstruktion bedingt starke Schallübertragung etwa bei Gebläsebrenner
- Planung des Rohrnetzes einer zentralen Lüftungsanlage ist kritisch, da im vorgegebenen Holzskelett die Lage und Laufrichtung der Deckenbalken und Unterzüge berücksichtigt werden muss, sinnvoll ist Planung auf Grundlage eines verformungsgetreuen Aufmaßes
- konkrete Rohrnetzplanung kann aufgrund der vielen Detailpunkte nur vor Ort erfolgen
- aufgrund der Brandgefahr hoher Sicherheitsstandard für Elektroinstallation erforderlich

Franckesche Stiftungen in Halle/Saale

Die Franckeschen Stiftungen in Halle sind eine ehrwürdige Institution und ein einzigartiges Kulturdenkmal. Gegründet 1698 als Waisenhaus, entwickelten sich die Stiftungen kontinuierlich weiter bis zur größten Schulanlage Europas im 18. Jahrhundert. Der pietistisch-asketische Geist des Gründers August-Hermann Francke prägte das Gesicht der Stiftungen bis hin zur Anwendung der schlichten funktionalen Fachwerkbauweise. Mit der Wiederbelebung als Bildungsanstalt im europäischen Rahmen wurde es nötig, ein komplexes Sanierungskonzept für die Bausubstanz zu entwickeln. Ein großer Teil der Gebäude befand sich Anfang der neunziger Jahre des 20. Jahrhunderts in bedrohlichem baulichen Zustand mit umfangreichem Instandsetzungsbedarf. Das »Lange Haus«, in den Jahren 1714–1715 gebaut, ist mit knapp 120 Metern Länge und

Das »Lange Haus« vor der Sanierung.

Viele Einzelöfen führten zu unzulässigem Mehrfachanschluss in gleicher Höhe des Schornsteins.

Ausguss mit provisorischer Zapfstelle ohne Spritzwasserschutz an Fachwerkaußenwand.

Urinal an Fachwerkaußenwand.

5 Geschossen wahrscheinlich das größte Fachwerkgebäude in Deutschland. Ziel der Sanierung war eine Nutzung für Studentenwohnungen und Übungsräume, mit entsprechend hohen Anforderungen an den Brand-, Wärme-, Feuchte- und Schallschutz. Eine besondere Belastung bedeutet die auf der Nordseite vorbeiführende vierspurige Hochstraße mit Lärm, Dreck und Emissionen. Die Bausubstanz war aufgrund der starken Beanspruchung sowie jahrzehntelang unterlassenen Bauunterhaltung stark geschädigt. Ein Großteil der Fachwerkfassaden musste erneuert werden. Die alten provisorischen Sanitärräume ohne fachgerechte Abdichtung, mit »Wasserleitungen« aus Gartenschläuchen, und die schadhafte Dachentwässerung hatten erheblichen Anteil an den Feuchteschäden im Gebäude. Die Beheizung mit Einzelöfen brachte viel Dreck und Staub ins Haus, führte zu Versottungen und war zudem höchst unkomfortabel.

Mit Hilfe von Fördermitteln konnte das Gebäude von Grund auf instand gesetzt werden. Ziel war es, die neuen Funktionen substanzverträglich zu integrieren und ein dauerhaftes Bauwerk zu erstellen. Durch einen klaren Entwurf und Sorgfalt im Detail konnten die Planer funktional und technisch überzeugende Lösungen realisieren. Die Studentenwohnräume gruppieren sich um zentral gelegene Sanitär- und Küchenbereiche. Das im Fachwerk besonders heikle Problem der Nassräume wurde durch den Einsatz vor Ort montierbarer Sanitärzellen gelöst, die eine völlige Trennung der Nassbereiche vom Gebäude ermöglichen. Die vertikale Führung und Verteilung von Be- und Entwässerung, Lüftung und einigen Heizungssträngen erfolgt in einem zentralen Installationsschacht über alle Geschosse. Dieser Installationsschacht befindet sich unmittelbar neben Bad und Küche und ist in jedem Geschoss durch eine Tür vom Treppenhaus hervorragend einsehbar und kontrollierbar. Lange waagerechte Rohrleitungen in den Gebäuden konnten somit vermieden werden.

Die Heizung wird zentral über Fernwärme versorgt, so dass keine Probleme durch Heizgeräte und Abgasführung im Gebäude entstehen. Die Verteilung im Dach ist sauber verlegt und jederzeit kontrollierbar. Für die Heizungsinstallation kam kunststoffummanteltes Weichstahlrohr mit Verbindungen durch Pressfittings zum Einsatz. Die Trinkwasserinstallation wurde in Edelstahlrohr ausgeführt, ebenfalls mit Pressverbindungen. Die Abluft der Nassbereiche gelangt über einen Kanal im Installationsschacht zentral ins Dach und strömt dort über Schornsteinattrappen ins Freie. Der Wärme- und Schallschutz der Bauhülle wurde deutlich ver-

Der Einbau von Sanitärzellen ermöglicht die Trennung der Nassbereiche vom Fachwerk.

Zentraler Installationsschacht über alle Geschosse, hinter alter Tür jederzeit einsehbar.

bessert. Auf der besonders beanspruchten Nordseite gelang es, durch ein außenseitiges Dämm-Verbundsystem aus Schilfrohrmatten und Kalkputz die bauphysikalischen Anforderungen (Wärme, Feuchte, Schall) kompakt auf der Außenseite zu erfüllen. Die Verwendung der Schilfrohrmatten erlaubt einen wandfolgenden Aufbau entsprechend den bestehenden Verwerfungen in der Fassade, insbesondere der vertikalen Schrägstellung. Damit konnte ein fachwerkuntypischer glatter und ebener Wandputz – wie bei Einsatz von traditionellen Dämm-Verbundsystemen – vermieden werden.

5.3 Wartung und Instandhaltung

5.3.1 Checkliste bis Facility Management

Die Planenden tragen nur selten zugleich die Verantwortung für die Kosten des Betriebs. Es darf nichts Größeres schief laufen, solange die Gewährleistung steht, aber dann? Im Ergebnis kostet der Betrieb im Lebenszyklus eines Gebäudes ein Mehrfaches der Anschaffung. Daher werden sich Komplettlösungen, von der Erstellung oder Sanierung bis hin zur wirtschaftlichen Nutzung, immer stärker durchsetzen. Oft büßen anspruchsvolle technische Lösungen bei Komplikationen im Betrieb recht schnell ihre Vorschusslorbeeren ein. Wesentliche Kriterien für das entwurfsgerechte Funktionieren der Gebäudetechnik sind die klare Anlagenstruktur, die übersichtliche Anordnung und Zugänglichkeit, Wartungsfreundlichkeit und anschauliche Dokumentation für den Nutzer. Der Planer muss bereits bei der Sanierung die Schwachstellen erkennen, wie etwa den Übergang von alten zu neuen Materialien oder die kritischen Stellen für Verstopfungen der Abwasserleitung. Die Zugänglichkeit von Absperrventilen für Heizung und Sanitär ist zu gewährleisten. Bei der Einweisung der Nutzer sind Funktionsprüfungen durchzuführen und zu erklären. Die optischen Prüfkriterien sind durch Fachleute zu erläutern und mögliche Veränderungen zu beschreiben. Zweckmäßig ist eine Beschilderung und Beschreibung der Anlagen vor Ort. Für wertvolle historische Gebäude ist das Aufstellen von Notplänen für Havariefälle wie Brand oder Rohrbruch selbstverständlich. Ein entsprechendes Benachrichtigungsschema muss vor Ort als Aushang vorliegen.

Feuerwehreinsatzplan für eine Kirche mit wertvoller Ausstattung.

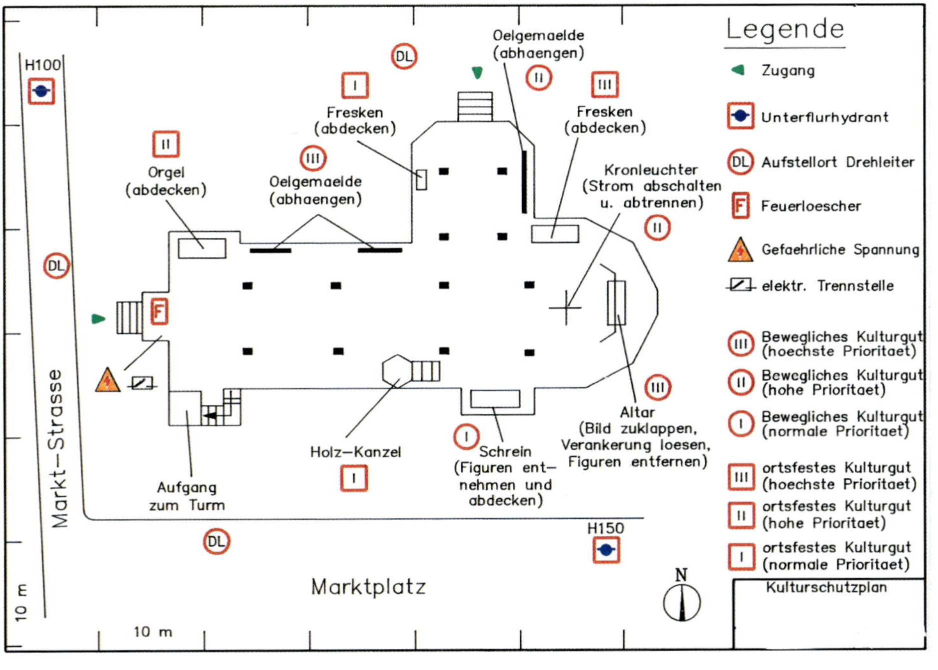

Als Beispiel für einen Notplan als Bestandteil des präventiven Brandschutzes sei der Feuerwehreinsatzplan genannt. Er beinhaltet mindestens folgende Angaben: Alarmplan, Anfahrweg, Ansprechpartner, Schlüssel oder Platz des Schlüsselkastens, Ort der Brandmeldezentrale, Lage der Wasserversorgung, der Einspeisung in Steigeleitungen oder Sprühwasserlöschanlagen, Brandabschnitte, Rettungs- und Angriffswege, Anleitermöglichkeiten, Höhe der Dachfirste und Türme, bis zu welcher Höhe begehbar und besondere Gefahren. Hilfreich sind zusätzliche Angaben über schutzbedürftige Einrichtungen und Güter, zum Beispiel wertvolle Treppenanlagen, Altäre, Orgeln, Skulpturen, Möbel, Musikinstrumente, und Hinweise zu den Löschmitteln, die zum Einsatz kommen dürfen beziehungsweise ausgeschlossen sind. Sofern erforderlich, sind auch Pläne zum Schutz vor Löschmitteleinwirkung sowie Bewegungspläne zu erstellen. Denn es kann im Einzelfall sinnvoller sein, ausgewählte Kulturgüter vorrangig zu bergen als ausschließlich den Brand zu bekämpfen.

Der sichere Betrieb der haustechnischen Anlagen erfordert das Aufstellen eines objektbezogenen Inspektions- und Wartungsplans. Die Instandhaltung der Anlagen gemäß diesem Plan ist durch einen Vertrag mit einem geeigneten Fachbetrieb zu gewährleisten. Der Betrieb hat den Nachweis der Sachkunde und einer ausreichenden Haftpflichtversicherung zu erbringen. Voraussetzung für die fachgerechte Instandhaltung ist die exakte Dokumentation der tatsächlich realisierten Anlage. Der Inspektions- und Wartungsplan sollte in Form einer Checkliste erstellt werden. Grundlage des Plans sind zunächst die technischen Regeln der einschlägigen DIN-, VDMA- und VDI-Richtlinien. Die Betriebs- und Wartungsvorgaben der Hersteller sind zu beachten. Darüber hinaus besteht nun bei Altbauten die Pflicht, die durch Installationen gefährdeten Bauteile zu beobachten. Die sorgfältige Prüfung reicht von der Holzdecke unter dem Waschtisch bis zur Dachdeckung neben dem Lüftungsrohr. Fachleute haben die kritischen Bereiche im Gebäude sowie die Inspektionsintervalle zu benennen. Hinweise zu typischen Schadenspunkten sind in Kapitel 5.1.1. »Typische Bauweisen und Modernisierungsbedarf« gegeben. Die konkrete Auflistung der potentiellen Schadenspunkte kann nur für ein konkretes Gebäude mit der real gegebenen Nutzung erfolgen.

Beobachten und prüfen kann zunächst derjenige am besten, der das Gebäude kennt und darin lebt. Befinden sich Baudenkmäler in privater Hand, sind dafür gute Voraussetzungen gegeben. Auch Bewohner ohne ausgeprägt technisches Wissen können nach qualifizierter Einweisung

Schwerste Feuchteschäden an der Außenwand: Auch eine Folge unterlassener Wartung.

selbstständig einfache Sichtprüfungen und Funktionsprüfungen (Ventil öffnen/schließen usw.) durchführen. Für anspruchsvolle fachliche Prüfungen und Zustandsermittlungen ist die Beauftragung von qualifizierten Handwerkern, Ingenieuren und Sachverständigen unverzichtbar. Nicht genutzte Räume müssen in die Inspektion einbezogen werden. Ein wichtiger Schritt ist der Übergang von einer Nichtwartung beziehungsweise einer »Rundumwartung« (das andere Extrem) zu einer »Zustandswartung« auf der Basis gezielter Inspektionen. Durch Information über den aktuellen Zustand wird die Baupflege effizient.

Für Eigentümer und Verwalter größerer historischer Gebäudebestände, etwa Staatsbauämter, Kirchenverwaltungen, Wohnungsverwaltungen oder Stiftungen, ist es von Vorteil, die ständig erforderlichen Inspektionen, Wartungstermine, Verträge zu systematisieren, zentral zu koordinieren und zu kontrollieren. Durch vorsorgende Bauunterhaltung können größere Schäden vermieden sowie Baumaßnahmen langfristig geplant und rechtzeitig finanziert werden. Der Einsatz von Computerarbeitsplätzen und Netzwerken kann die Strukturierung und Verwaltung von Daten und Abläufen erleichtern. Sofern kein eigenes Personal zur Verfügung steht, gibt es die Möglichkeit der kompletten Auslagerung an einen Dienstleister.

Seit einigen Jahren gibt es ein neues Schlagwort. »Facility Management (FM)«, ursprünglich ein Kind der Industrie und Immobilienwirtschaft, erobert nun zunehmend den Altbau und das Bauhandwerk. »Facility Management ist die Betrachtung, Analyse und Optimierung aller kostenrelevanten Vorgänge rund um ein Gebäude oder bauliches Objekt.«[22] Die Idee einer ganzheitlichen Objektverwaltung gibt es freilich so lange, wie größere Unternehmen existieren. Eine Liegenschaft gemäß ihrem Namen einfach nur »liegen zu lassen«, kann nicht das Ziel sein. Der Vorteil von Facility Management ist die weiträumige Betrachtung, so zählt im Gebäudebestand neben Verwaltung und Bewirtschaftung auch die Organisation der Instandhaltung. Allerdings ist die Einführung und Pflege von FM-Systemen mit hohem personellen und finanziellen Aufwand verbunden und lohnt sich daher nur in Unternehmen oder Verwaltungen ab einer bestimmten Größe. Gerade bei der Vielzahl der kleineren Bauten ist die Bausubstanz »an sich« eine erhebliche Wertgröße. Die bauliche Unterhaltung ist hier die wesentliche Aufgabe im Gegensatz zu kaufmännischen und infrastrukturellen Diensten bei klassischen FM-Anwendungen. Die zur Zeit am Markt verfügbaren FM-Systeme sind für diese Anforderungen nur bedingt geeignet.

5.3.2 Gasinstallation

Immer wieder kann der Presse entnommen werden, dass durch Gasexplosionen erhebliche Personen- und Sachschäden entstanden sind. Daher sind die gebäudeeigenen Gasanlagen im Rahmen der Verkehrssicherungspflicht einer regelmäßigen Überprüfung zu unterziehen. Undichte Gasleitungsanlagen müssen nicht immer erneuert werden. Die kostspielige Neuinstallation kann sehr häufig durch eine Abdichtung der Rohrinnenwand vermieden werden, die somit bei Baudenkmälern wesentlich zum Substanzerhalt beiträgt.

Es ist sinnvoll, Erdgasleitungsanlagen in Abständen von zehn Jahren einer Gebrauchsfähigkeitsprüfung gemäß den Technischen Regeln für Gas-Installationen des Deutschen Vereins des Gas- und Wasserfachs (DVGW-TRGI) zu unterziehen, wobei die Prüffristen ab Übernahme der Anlagen durch den Nutzer gelten. Die DVGW-TRGI hat erstmals unter Abschnitt 3.5 »Arbeiten an gasführenden Leitungen« die drei Merkmale der Gebrauchsfähigkeit aus dem Arbeitsblatt G 624 »Nachträgliches Abdichten von bestehenden Gas-Innenleitungen« übernommen:

- Unbeschränkte Gebrauchsfähigkeit bei Leckmengen 0 und 1 Liter/h bei Betriebsdruck,
- verminderte Gebrauchsfähigkeit bei Leckmengen zwischen 1 und 5 Liter/h bei Betriebsdruck,
- keine Gebrauchsfähigkeit bei Leckmengen über 5 Liter/h.

Während für den Bereich der unbeschränkten Gebrauchsfähigkeit keine Maßnahmen zur Abdichtung vorgeschrieben werden, ist der Bereich der verminderten Gebrauchsfähigkeit unter anderem der Anwendung eines Innen-Abdichtungsverfahrens vorbehalten. Für Gasleitungen, die diesen Kriterien entsprechen, besteht kein Zwang zur sofortigen Sperrung. Sie sind jedoch innerhalb von vier Wochen nach Feststellung der verminderten Gebrauchsfähigkeit abzudichten; ihre Dichtheit ist nach TRGI'86, Abschn. 7.1.3 nachzuweisen.

Bestimmung der Leckrate

Da Innenabdichtungsmaßnahmen nur bei einer verminderten Gebrauchsfähigkeit mit max. 5 Liter je Stunde zugelassen sind, stellt die Ermittlung der Leckmenge eine wesentliche Voraussetzung für die Anwendung des Innenabdichtungsverfahrens dar. Neben der rechnerisch-graphischen Bestimmung der Leckmenge stehen mechanisch oder elektronisch arbeitende Messgeräte zur Verfügung, mit deren Hilfe entweder der Gebrauchsfähigkeitsbereich oder digital die jeweils genaue Leckmenge in Liter/min. angezeigt wird. Die Geräte arbeiten mit Betriebsgas und dem anstehenden Betriebsdruck. Bei der Prüfung von Verteilungsleitungen für Anlagen größerer Leistungen und mit Hausdruckreglern DN 25 empfiehlt es sich, dem elektronisch arbeitenden Messgerät zur Gewährleistung eines konstanten Vordruckes von zum Beispiel 22 mbar einen zuverlässig arbeitenden Druckregler DN 25 vorzuschalten.

Inspektion

Auch der äußere Zustand freiliegender Innenleitungen (auch Mauer- und Deckendurchbrüche, Kreuzungspunkte mit anderen Leitungen), Leitungsteile (zum Beispiel Abstandsschellen) sowie der Anschlüsse und Verbindungsstellen (gemäß Abschnitt 7.3 der DVGW-TRGI) ist einmal jährlich einer Inspektion zu unterziehen. Diese Inspektionen können durch sachkundiges Personal durchgeführt werden.

Die Bauordnungen der Länder fordern, dass Rohrleitungen für brennbare Gase brandsicher sein müssen. Dies bedeutet, dass Gaslei-

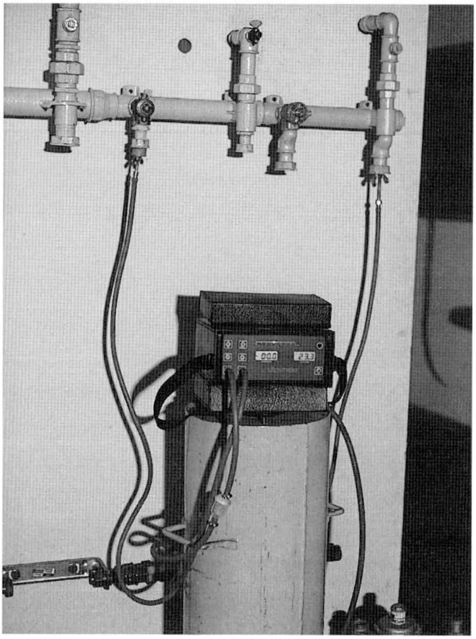

Elektronische Leckmengenermittlung Gasanlage.

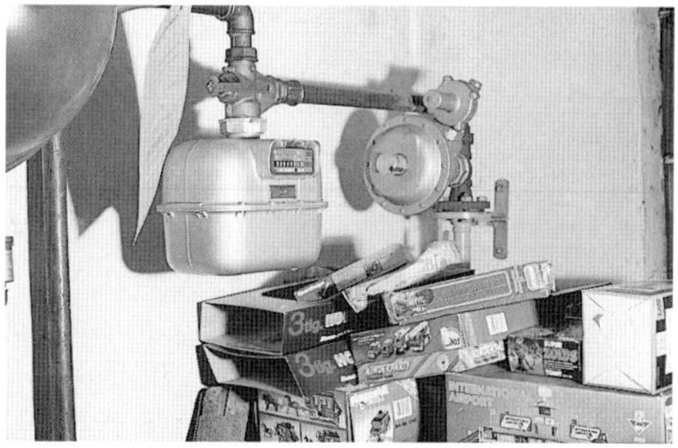

Unzulässige Brandlasten im Bereich der Gasanlage.

tungsanlagen in Gebäuden auch im Brandfall explosionssicher sein müssen und bei äußerer Brandeinwirkung Gas erst oberhalb der Zündtemperatur von etwa 650 °C in gefährlicher Menge austreten darf. Weil die üblicherweise »weichgelöteten« Balgengaszähler diesen Anforderungen nicht genügen und somit von allen Bauteilen einer Gasleitungsinstallation das größte Explosionsrisiko im Brandfall aufweisen, dürfen sie nicht ungeschützt in Baudenkmälern installiert werden. Dies ist sowohl bei der Erstinstallation einer Gasanlage als auch bei jedem Zählerwechsel zu beachten.

Um den bauordnungsrechtlichen Anforderungen gerecht zu werden, sollte in Baudenkmäler unbedingt eine der folgenden Schutzmöglichkeiten genutzt werden:

- Unterbringung der Gaszähler in besonderen Räumen ohne Brandgefahr oder durch Umkleiden der Zähler mit Bauteilen. Die Umkleidung und die Umfassungsbauteile der Räume müssen eine Feuerwiderstandsdauer von mindestens 30 Minuten aufweisen.
- Vorgeschaltete thermisch auslösende Absperreinrichtungen, welche bei äußerer Brandeinwirkung die Gaszuführungsleitung zum Zähler selbsttätig so absperren, dass die weitere Gaszufuhr bereits vor dem Undichtwerden des Gaszählers unterbunden wird.

Diese thermisch gesteuerten Absperreinrichtungen schließen, beginnend bei 70 °C Fühlertemperatur, nach etwa 17 Sekunden automatisch. Der schlagartige Auslösevorgang gewährleistet, dass die auf Luft bezogene Leckgasmenge einen Wert von 30 l/h nicht überschreitet. Dies gilt für die innere und äußere Dichtheit der Ventile selbst sowie der Rohrverbindung und über einen Zeitraum von mindestens 30 Minuten. Nach dem Wiedererkalten bleiben jene wartungsfreien Ventile geschlossen und können manuell nicht wieder geöffnet werden.

Schornsteine 5.3.3

Schornsteine haben die Aufgabe, die Abgase aus Wärmeerzeugung einwandfrei abzuführen. Der erforderliche Zug wird durch den Gewichtsunterschied der heißen Abgase im Schornstein und einer gleich hohen Kaltluftsäule erzeugt. Schornsteinanlagen sind technische Bauelemente, die in ihrer Funktionstüchtigkeit regelmäßig überprüft werden müssen. Diese Überprüfung schließt auch den baulichen Zustand ein. Denn im Rahmen der Verkehrssicherungspflicht muss der Bauherr auch hier den ordnungsgemäßen Zustand regelmäßig und fachkundig überprüfen oder überprüfen lassen. Im Schadensfall, wenn sich beispielsweise ein Teil des Schornsteinkopfes löst und Schaden anrichtet, kann sich der Bauherr nicht auf die regelmäßige Überwachung durch den Schornsteinfeger berufen. Schornsteine werden aber erfahrungsgemäß bei der Bauunterhaltung häufig vernachlässigt. Der vielfach desolate Zustand der Schornsteinköpfe belegt diesen Sachverhalt.

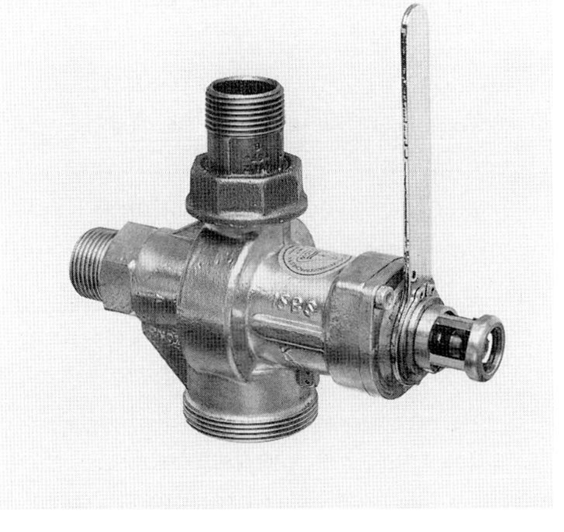

Brandschutzventil: Thermisch gesteuertes, automatisch schließendes Absperrventil mit zusätzlicher manueller Absperrmöglichkeit.

Verwitterter Schornsteinkopf.

Ein Schornstein fällt baurechtlich unter den Bestandsschutz, nicht aber seine Verwendung. Wenn also die maßgebenden Werte wie Abgasmassenstrom, Abgastemperatur und notwendiger Förderdruck des alten Wärmeerzeugers durch neue abweichende Werte für den neuen Wärmeerzeuger ersetzt werden, muss die Eignung des Schornsteins neu festgestellt werden. Der Schornstein muss immer in die Modernisierung einbezogen werden, da sonst, wie noch immer festzustellen ist, Durchfeuchtungen und Versottungen nicht auszuschließen sind und letztendlich die Bausubstanz beeinträchtigt wird.

Die Berechnung von Schornsteinbemessungen erfolgt nach DIN 4705 »Berechnung von Schornsteinabmessungen«. Die Überprüfung gemäß DIN 4705 hat die Firma vorzunehmen, welche den neuen Wärmeerzeuger an die vorhandene Rauchgasleitung anschließt. Zeigt die Überprüfung, dass bei Anschluss eines neuen Heizkessels die Wasserdampftaupunkt-Temperatur des Abgases im Schornstein ständig unterschritten wird, so gibt es mehrere Möglichkeiten, die Situation zu verbessern, zum Beispiel durch:

Versottung nach Brennstoffumstellung.

- Nebenluftvorrichtungen, sie erhöhen durch Beimischung von Nebenluft den Abgasmassenstrom und senken somit den Wasserdampftaupunkt,
- Trockenhalten der Schornsteinanlage durch Lüftung während der Stillstandzeit der Feuerung,
- Optimierung des feuerungstechnischen Wirkungsgrades,
- Wärmedämmung der Verbindungsleitungen zwischen Kessel und Schornstein,
- äußere Wärmedämmung des Schornsteins.

Reichen diese Maßnahmen nicht aus, muss der Schornstein baulich angepasst werden. Die Innenauskleidung des Schornsteins mit Leichtbeton führt zu einer Querschnittsverringerung. Die Wärmedämmung und somit das thermische Verhalten der Rauchgasleitung werden damit nicht verbessert. Starre Edelstahlrohre, die in den Schornstein eingezogen werden, erhalten eine zusätzliche Wärmedämmung. Vor dem Einbau ist es sinnvoll, den Schornsteinfeger aus bauaufsichtlichen Gründen, aber auch wegen des Informationsbedarfs hinsichtlich Korrosionsförderung

(Chloride) hinzuzuziehen. In jedem Falle ist zu bedenken, dass aufgrund örtlicher Gegebenheiten auch Edelstahlrohre korrodieren können. Einziehen lassen sich auch Schamotte- und keramische Rohre. Hierbei hat sich die Schüttisolierung als vorteilhafte Wärmedämmung bewährt.

Beim Einsatz der Brennwerttechnik ist das Rauchgas stark abgekühlt und besitzt nur geringe Auftriebskräfte, so dass in der Regel eine Zwangslüftung mittels Ventilator erforderlich ist.

Abgasleitungen für Brennwertkessel sind Rohrleitungssysteme aus Edelstahl, Glas oder Kunststoff. Diese Leitungen verfügen über eine entsprechende Verbindungstechnik zum Betrieb mit Überdruck. Der Schornstein ist immer als integrierter Bestandteil der Funktionseinheiten Heizkessel, Brenner und Neutralisationsanlage zu betrachten.
Folgende Rohrsysteme sind zur Zeit auf dem Markt:

- Mehrschalige Schornsteine mit keramischem Innenrohr und Hinterlüftung,
- kondensatdichte Innenschalen aus Schamotte, starre nicht rostende Stahlrohre, keramisierte Stahlrohre und Rohre aus Glas.

Diese Schornsteinsysteme werden zum Teil mit Wärmedämmung angeboten, um eine Verschiebung der Kondensationszone und der Kondensatmengen zu bewirken. Abgasleitungen müssen druck- und wasserdicht sein und entsprechend den Zulassungsbedingungen eingebaut werden. Da bei der Brennwertnutzung auch Kondensat anfällt, muss dieses entsprechend dem Merkblatt der Abwassertechnischen Vereinigung (ATV) A 251 »Kondensat aus Brennwertkesseln« entsorgt werden. Neben der ph-Reduktion ist auch dafür Sorge zu tragen, dass Restschwebstoffe und unverbrannte Kohlenwasserstoffe nicht in die Abwässer gelangen. Die Überwachung der Abgasanlagen beziehungsweise der Schornsteinsysteme erfolgt entsprechend der 1. Bundes Immissionsschutz Verordnung (1.BImSchV.).

Heizen, Dämmen und Lüften 6

Ursache und Wirkung 6.1

Operation gelungen – Patient tot

Dämmen, Lüften und Heizen stehen in unmittelbarem Zusammenhang. Wird bei der Sanierung nur eine Komponente verändert, so kann das Gleichgewicht kippen. Nicht von ungefähr blühen bunte Schimmellandschaften in deutschen Wohnzimmern.

Ein altes Haus soll saniert und der Wohnkomfort verbessert werden. Zuerst kommen neue dichte Fenster, dann weichen die alten Einzelöfen der neuen Zentralheizung, zuletzt werden Wände und Decke mit Kunststofftapete und dichtem Anstrich versiegelt. Der Mieter ist zufrieden, hat es bequemer und wärmer. Doch schon bald ist der Schimmel riechbar und der Feuchteschaden wird »ruchbar«. Was tun? Abhilfe soll eine Wärmedämmung bringen, auf der Innenseite, da niemand die schöne Fassade missen will. Sie schafft es auch in der Fläche, jedoch an den nun deutlich kälteren Wärmebrücken, an den Einbindungen der Deckenbalken und in den Fensterlaibungen, wird es um so ärger. Nach einigen Jahren können schwerste Bauschäden auftreten. Fazit: Die Lüftung lässt sich nicht durch Dämmung ersetzen. Steigt die Feuchte in der Wohnung über ein kritisches Niveau, kommt es zur Kondensation, denn jeder Raum hat einen kältesten Punkt. Sofern keine Entfeuchtung über Lüftung erfolgt, kann die Dämmung das Auftreten von Kondensat nur verzögern, nicht verhindern. In diesem Fall waren der Wegfall des raumluftabhängigen Ofenbetriebs und die verminderte Sorptionsfähigkeit durch dichte Raumoberflächen schadensfördende Randbedingungen.

Das Beispiel verdeutlicht es: Heizen, Dämmen und Lüften gehören zusammen und verlangen eine ganzheitliche Betrachtung – eine bereits mehrfach formulierte Kernaussage dieses Buches. In diesem Sinne argumentiert im Übrigen auch die bauaufsichtlich eingeführte DIN 4108 »Wärmeschutz im Hochbau«. Allgemein bekannt sind die dort fixierten Forderungen an den Mindestwärmeschutz von Bauteilen zur sicheren Vermeidung von Tauwasser auf den raumseitigen Wandoberflächen. Weniger bekannt ist, dass die gleiche Norm dazu eindeutig feststellt: »Hierbei wird vorausgesetzt, daß die Räume entsprechend ihrer Nutzung ausreichend beheizt und belüftet werden«!

6.2 Dämmen

Licht und Schatten

Das Wärmedämmen von Häusern, so wie wir es heute kennen, ist eine »Erfindung« der letzten 30 Jahre. Ein heute gebautes Niedrigenergiehaus unterscheidet sich damit im bauklimatischen Verhalten ganz wesentlich von einem gründerzeitlichen Gebäude in solidem Ziegelmauerwerk. Grundsätzlich ist das »Wärmedämmen« eine vernünftige Sache, und es ist ein verständlicher Wunsch, durch ein hochgedämmtes Gebäude den Heizenergieverbrauch zu senken und behagliches Wohnen zu ermöglichen. Doch ist das Dämmen, wie auch Lüften und Heizen, eine ziemlich dialektische Angelegenheit. Nichts gibt es geschenkt, jeder Vorteil wird mit einem kleinen Verlust erkauft. Während im Prinzip die Auswirkungen der Dämmung zu begrüßen sind, wie etwa die höheren Oberflächentemperaturen und damit die Vermeidung von Tauwasser auf der Wand oder die verminderte Abstrahlung zu kalten Flächen, steckt doch gerade bei der nachträglichen Innendämmung alter Gebäude der Teufel sprichwörtlich im Detail. Problem ist nie die Fläche, der Regelaufbau, sondern immer die Ecke, die Fuge, der Anschluss. Hier entsteht durch vorgesetzte Leichtbauwände, Folien und Dampfsperren, Klebe- und Dichtungstechniken eine Vielzahl von Problemstellen, die in der handwerklichen Ausführung und der späteren Nutzung kaum sicher zu beherrschen sind.

Alles Ansichtssache?

Die Abwägung von Wärmeschutz und Denkmalschutz wird häufig reduziert auf die wohlmeinende Betrachtung der gefälligen Außenansicht. Natürlich, die reich gestaltete Gründerzeitfassade mit Gesimsen und Gewänden, Lisenen und Pilastern oder das mittelalterliche Fachwerkgefüge mit aufwendig profiliertem Strebewerk sollen erhalten bleiben. Also hinein ins Haus mit der Dämmung an die Innenwand. Hier beginnt das Problem. Denkmalpflege ist mehr als Fassadenschutz. Es geht um die Erhaltung von Geschichtsdokumenten mit wichtigen historischen Zeugnissen und Informationen. Und davon gibt es im Inneren der Gebäude, an Wänden, Decken, Fußböden, Türen, mehr als genug. Insofern ist es aus denkmalpflegerischer Sicht beileibe nicht akzeptabel, zugunsten von äußerem Fassadenschmuck die profilierte Hohlkehle, den Stuck an der Decke, die historische Wandbekleidung oder die Bemalung zu opfern. Mit einer Innendämmung ist neben der unmittelbaren Zerstörung von alter Substanz an den Anschlüssen und Befestigungen immer eine mehr oder weniger starke Veränderung des optischen Raumeindrucks verbunden. Wenn es also um die Entscheidung für und wider Außen- und Innendämmung geht, ist kein Platz für Modetrends und persönliches Schönheitsempfinden, zählt allein die denkmalfachlich begründete Abwägung des geschichtlichen, künstlerischen und technischen Werts. Der Erhaltungszustand von Wand, Putz und Oberfläche muss natürlich in die Entscheidungsfindung einbezogen werden. Trotzdem wird es immer wieder hochwertige Baudenkmäler geben, die keine nachträglichen Dämmmaßnahmen zulassen.

Wärmedämmungen auf der Außenseite unter historischen, aber erneuerungsbedürftigen Fassadenbekleidungen sind eine vergleichsweise denkmalgerechte Lösung, doch durchaus nicht ohne technische und formale Probleme. Wird die Dämmschicht hinter der Bekleidung zu dick, dann sitzen statt der ehemals fassadenbündigen Fenster nun tiefe Löcher in der Wand. Es kann recht eng werden an Ortgang und Traufe, und auch die Ansichten von Gebäudeecke oder Sockel ändern sich beträchtlich.

Die Außendämmung dieses Sichtmauerwerks verändert nicht nur die Ansicht, auch funktionale Details wie die Führung der Fallrohre in Wandnischen gehen verloren.

Ein trauriges Kapitel ist die geringe Wertschätzung alter Fenster. Auf dieses Thema einzugehen, würde den Umfang des Buches sprengen. Nur soviel: Viele Altbaufenster sind reparaturfähig und können zur Erhöhung des Schall- und Wärmeschutzes nachgerüstet werden. Und wenn das alte Fenster nicht zu halten ist, so gibt es auch neue altbaugerechte Lösungen mit modernem Wärmeschutzglas. Gut sind: Mehrflügelige Holzfenster mit schlanken profilierten Querschnitten in den alten Proportionen. Schlecht sind: Einflügelige Kunststofffenster mit dicken »Normquerschnitten« und Sprossenimitation.

Feuchteverhalten

Neben den ästhetischen Kriterien erfordert das Thema »Wärmedämmung« ein hohes Maß an bautechnischen und handwerklichen Fähigkeiten und Kenntnissen. Grundsatz: Feuchtigkeit ist die Hauptursache für Bauschäden. Die Wirkung auf das Feuchteverhalten muss daher bei der Auswahl der Dämmung beachtet werden. Feuchtigkeit kann auf verschiedenen Wegen in eine alte Wand gelangen, durch Baufeuchte, Bewitterung, Erdfeuchte, schadhafte Installationen oder Tauwasser. Es besteht keine Gefahr, solange die Befeuchtung nur kurzfristig auftritt. Entscheidend ist es, dafür zu sorgen, dass die Bauteile wieder trocknen können.

Am Beispiel der Fachwerkwand, die aufgrund des feuchteempfindlichen Holzes besonders gefährdet ist, lassen sich einige Zusammenhänge verdeutlichen. Beim Fachwerk gilt: Es ist nicht sinnvoll und kaum umsetzbar, eine Fachwerkwand dauerhaft »abdichten« zu wollen. Die Gewährleistung von praktischen Trocknungsmöglichkeiten hat Vorrang vor dem Anspruch der rechnerischen Tauwasserfreiheit. Die Verwendung von dampfdiffusionsoffenen Systemen zur Innendämmung von Fachwerk hat sich bewährt.

Auf Dampfsperren in Form von Folienbahnen sollte verzichtet werden, da saubere und dauerhaft dichte Anschlüsse in einem alten Fachwerkhaus mit krummen Wänden, Durchstößen an Bundwänden und Deckenbalken kaum zu realisieren sind. Nachlässige Verlegung sowie spätere Beschädigungen beim Innenausbau durch Steckdosen und Wandbefestigungen tun ein Übriges, um die Dampfsperre zu durchlöchern und Kondensat zu begünstigen. Dann wird die Dampfsperre zur Feuchtefalle und behindert die Austrocknung, vor allem wenn man berücksichtigt, dass die wesentliche Feuchtebelastung von der Bewitterung mit Schlagregen ausgeht, der auf Wetterseiten in erheblichen Mengen in die Fugen der Fachwerkfassade eindringen kann.

Altbau und Denkmal verlangen eher das Verständnis für fachübergreifende Zusammenhänge als das Beharren auf festen Kennwerten. Die Bauphysik widmet sich mit wissenschaftlichem Tiefgang der Betrachtung von Regelaufbauten, in der Praxis jedoch liegt die Gefahr im Detail, an den Bauteilanschlüssen und Materialübergängen. Entgegen den traditionellen Materialkennwerten ist es etwa beim inhomogenen Fachwerk wichtig, Eigenschaften im Materialverbund zu betrachten. Nicht die Summe der Einzelkennwerte ist entscheidend, sondern die Abstimmung zwischen historischen und modernen Baustoffen. So zählt im Fachwerk gerade im direkten Verbund zum Holz, an der Fuge und an der Innenseite, wo Schlagregen oder Kondenswasser zu einer Befeuchtung führen können, vor allem die kapillare Feuchteleitung zwischen Ausfachung und Holz. Einfach gesagt: Es ist sinnvoll »Masse an das Holz zu bringen«, um durch die Pufferwirkung das Feuchteproblem am Holz zu entschärfen.

Und Vorsicht vor Missverständnissen: Ein bei Bauherren und mitunter auch bei Handwerkern seit Jahrzehnten weit verbreiteter Irrtum betrifft die »hinterlüftete Dämmung«. Auf der Außenseite ist es töricht, denn die beste Dämmung »bringt nichts«, wenn sie von außen hinterlüftet wird. Auf der Innenseite ist es weit schlimmer, droht Kondensat, wenn feuchte Raumluft an die kalte Wand gelangt. Hier werden mit bester Absicht Lüftungsschlitze in Dämmungen gesetzt, Vorsatzschalen von innen angebohrt und damit konsequent Bauschäden provoziert. Die fachlich richtige Erkenntnis, Feuchteanreicherung und Schimmelbildung durch Lüftung zu vermeiden, ist zu einem pauschalen »Lüftung = gut« verkommen und bewirkt in diesem Fall das Gegenteil. Richtig ist dagegen die »belüftete Dämmung« auf der Außenseite, daher der Schutz einer Dämmschicht vor Bewitterung durch eine hinterlüftete Außenwandbekleidung beispielsweise in Form einer Verbretterung.

Bauphysik und handwerkliche Praxis

Bei der Empfehlung von Dämmmaßnahmen für die Praxis müssen die verschiedenen Qualifikationen der Ausführenden berücksichtigt werden. Ein anspruchsvolles Gesamtkonzept, das für den engagierten Bauherren, die qualifizierten Fachplaner und Handwerker bei entsprechendem Kostenrahmen guten Erfolg verspricht, kann für den »einfachen Häuslebauer« mit knapper Kasse und den Handwerker von nebenan zum Risiko werden. Hier ist eine langfristig bewährte und schadenssichere Empfehlung vorzuziehen. Die Einbeziehung von Sonderfachleuten (Bauphysiker usw.) und die spezielle Schulung der Handwerker sind im Alltag nicht die Regel. Daher hat die handwerkliche Umsetzbarkeit der Maßnahmen, etwa der Anschlüsse von Dämmschichten und Dichtbahnen, den gleichen Stellenwert wie die bauphysikalisch korrekte Planung. Komplizierte Schichtenaufbauten erschweren die Zugänglichkeit und Kontrollmöglichkeit sowie die Reparatur von Schadstellen. Kompakte Innenschalen mit einfachen Details verringern die Gefahr von Beschädigungen und ermöglichen die spätere Ergänzung und Reparatur. Wesentlich für die Dauerhaftigkeit eines Dämmsystems ist darüber hinaus die Nutzerfreundlichkeit und Flexibilität. Auch hier gilt: »Lieber einfach und effektiv statt kompliziert und anfällig«. Die Bewohner eines alten Hauses sollten auch nach einer Modernisierung ohne Gebrauchsanweisung auskommen können, Nutzungsänderungen sind zu tolerieren. Vorgaben für gezieltes Lüften beim Einbau dichter Fenster, Verbote für Dübeln und Bohren in der Wand bei Dampfsperren auf der Innenwand sind während der Nutzung nur sehr bedingt umsetzbar.

Maß halten und Energie sparen

Traditionelle Ziegelbauten mit 1 1/2- und 2 Stein-Mauerwerk besitzen im bauphysikalischen Sinn eine hohe »Sicherheit und Schadenstoleranz«. Sie repräsentieren ein vernünftiges Gleichgewicht von Wärmedämmen und Wärmespeichern. Die oft zugespitzte Frage nach Dämmen *oder* Speichern ist sicher nicht angemessen, beides ist wichtig. Im Altbau heißt es ohnehin, vom Bestand auszugehen, also in der Regel von einer recht massiven »speicherfähigen« Bauweise.

Im mitteleuropäischen Klima mit langen kalten Wintern kann auf eine angemessene Dämmung der Bauhülle nicht verzichtet werden. Doch »Energieeinsparung« lässt sich nicht auf das Thema »Wärmeschutz« reduzieren. Vieles ist zu beachten, einfache Rezepte und Standardlösungen kann es nicht geben. Das einseitige Forcieren der heizenergetischen Aspekte kann zu Defiziten im historisch gewachsenen Gesamtgefüge führen. Der dritte Bauschadensbericht der Bundesregierung stellt fest: »Maßnahmen zum nachträglichen Wärmeschutz werden häufig unwirtschaftlich oder schadensträchtig geplant und realisiert.«[23] Daher: Nicht mit Masse dämmen, sondern mit dem richtigen Maß. Ansonsten droht Gefahr durch Bauschäden. Ein Satz zum Schluss, zugegeben eine Provokation: Doch wollen wir heute unsere Städte und Landschaften verschandeln, um morgen mit zerstörter Geschichte ins Zeitalter unbegrenzter Solarenergie zu starten?

Erfahrungen und Entwicklungen

Erfahrungen aus der Baupraxis zeigen, dass die Themen Feuchte und Lüftung weiterhin äußerst aktuell sind. In den letzten Bauschadensberichten des Bundesbauministeriums von 1988 und 1996 wird als die häufigste Schadensursache nach Modernisierungsmaßnahmen mit etwa 13 Prozent der »Schimmelpilz nach Fenstertausch« genannt. Die Schulung der Nutzer im »richtigen Lüften«, um den Einbau von dichten Fenstern zu kompensieren, ist praktisch nicht realisierbar. In Gebäuden mit öffentlicher Nutzung gilt das im besonderen Maße. So ist eine ständig wirksame, nutzerunabhängige Grundlüftung und eine zeitweise Stoßlüftung zum Ausgleich erhöhter Feuchte- oder Geruchsbelästigung nötig. Die Grundlüftung beruht im einfachsten Fall auf natürlicher Fugenlüftung, die Stoßlüftung erfolgt durch Fensteröffnen oder Lüftungsanlagen. Obwohl diese Zusammenhänge grundsätzlich bekannt sind, wird der Einfluss der Lüftung in der Sanierung nicht selten unterschätzt. Spannend ist ein Vergleich der Entwicklung zwischen der Lüftung im Wohnungsbau und im Nicht-Wohnungsbau. Während für ersteren im Zuge der Energiespardebatte derzeit rigide Maßnahmen zur Dichtung der Bauhülle und zum Einsatz von mechanischen Lüftungssystemen propagiert werden, ist es im Bereich der öffentlichen Gebäude, Büro- und Geschäftshäuser gerade umgekehrt. Hier findet aufgrund der Hygieneprobleme und hohen Kosten von zentralen Lüftungs- und Klimaanlagen ein Umdenken hin zur »freien« Lüftung statt. Ein Sonderthema ist das Lüftungsverhalten großer historischer Gebäude, etwa die Raumströmung in alten Kirchen. Die damit verbundenen Probleme werden in Kapitel 7 »Raumklima« diskutiert.

Fenster, Schacht und Ventilator

Lüften ist wichtig für Mensch und Gebäude, doch Lüften ist nicht gleichbedeutend mit Lüftungsanlage. Lüftungssysteme mit großem Installationsaufwand wie eine zentrale Anlage mit Wärmerückgewinnung sind für Altbauten generell wenig geeignet. Das Fenster hat als Lüftungselement weit größere Bedeutung als im Neubau. Auf die Schimmelpilzprobleme bei völlig dichten Fenstern wurde bereits hingewiesen. Mit Ausnahme der Modernisierung mit dem Ziel »Niedrigenergiehaus« ergibt sich selten die Notwendigkeit, ein altes Gebäude nachträglich mit einer Lüftungsanlage zu versehen.

Dicke Lüftungsrohre sind nur schwer in das Fachwerkgefüge zu integrieren.

Die klassische Ausnahme ist der nachträgliche Einbau eines innen liegenden Bades oder WC ohne Fenster, wo eine Be- und Entlüftung vorgeschrieben und wichtig ist. Zur Abfuhr der Feuchte aus dem Bad einer normalen Wohnung würde durchaus ein Schacht ohne Lüfter unter Nutzung von thermischen Kräften und Winddruck genügen. Die Feuchte im Bad muss nicht sofort abgelüftet werden. Und über Tag und Nacht sollten auch die schwankenden Windkräfte und die Temperaturdifferenzen zur Abfuhr der Feuchte genügen.

Anders verhält es sich bei der Geruchsbelästigung. Für derart kurzfristige Belastungen reicht die Wirkung eines einfachen Schachtes nicht aus und deshalb muss auf mechanische Lüftung mit Ventilator zurückgegriffen werden. Die Regelung erfolgt im einfachsten Fall über eine Schaltuhr oder besser über ein Hygrostat. Bei Schaltung über handelsübliche Lichtschalter sollte eine Nachlaufzeit vorgesehen werden. Da die Verdunstung je Duschvorgang größer als die Feuchteaufnahme der Luft ist, absorbieren die Oberflächen im Raum die verbleibende Feuchte. Die anschließende Desorption, daher die langsame Verdunstung der in den Oberflächen gebundenen Feuchte, erfordert eine Nachlüftung.

Fensterlüftung wird häufig mit Energieverlust gleichgesetzt. Auch hier muss man differenzieren. Lüften und Luftwechsel funktionieren nur dann, wenn etwas Zuströmen und Abströmen kann. Deshalb geht es nicht nur um das Fenster in der Wand, sondern auch um den Raum und das Gebäude dahinter. Modernes Bauen mit großen offenen Räumen bietet wenig Strömungswiderstände, das Haus funktioniert wie ein

Schacht. Daraus resultieren große Luftwechsel bei Fensterlüftung. Ähnliche Verhältnisse liegen in alten Schlössern oder Kirchen vor. Diese häufig unbeheizten Gebäude können aus ihren offenen Raumstrukturen mitunter einen Vorteil ziehen, da die starke Durchlüftung zur Feuchteregulation und damit zum Erhalt der Bausubstanz beiträgt. Dagegen entstehen in solider, baulich intakter Altbausubstanz mit kleinräumiger Aufteilung auch bei »freier Lüftung« über die Fenster keine übermäßigen Energieverluste.

Luft zum Atmen

Luft ist ein Lebensmittel. Die Luftqualität ist eminent wichtig, berührt jedoch das Thema dieses Buches nur am Rande. So berechtigt unsere Anteilnahme an Luftgüte und Smog der Außenluft ist, hat das Reinigen eines verdreckten und staubigen Heizkörpers in der Wohnung doch ungleich mehr Einfluss auf unser Wohlbefinden. Das setzt voraus, der Heizkörper lässt sich reinigen, anscheinend keine Selbstverständlichkeit, was sowohl alte verkleidete Rippenrohre als auch neue Kompaktheizkörper auf den ersten Blick bestätigen.

Beim Einsatz von raumlufttechnischen Anlagen sind die Luftleitungen durch Filtereinsätze vor Verunreinigungen zu schützen und die Leitungsnetze regelmäßig zu überprüfen und gegebenenfalls zu reinigen. Der Lufthygiene muss in jedem Falle große Bedeutung beigemessen werden, damit die nutzenden Personen keine gesundheitlichen Nachteile erfahren. Die hygienischen Anforderungen an raumlufttechnische Anlagen sind in der DIN 1946 »Lüftungs-technische Anlagen« sowie in der VDI-Richtlinie VDI 6022 »Hygienische Anforderungen an Raumlufttechnische Anlagen in Büro und Versammlungsräumen« formuliert.

In der Lüftungstechnik geht der Trend zu so genannten »Low-Olf-Geräten«. Ein »Olf« ist ein Maß für die Verunreinigung der Luft, benannt nach dem dänischen Forscher Ole Fanger. »Low Olf«/»wenig Dreck« wird durch dezentrale Anlagen mit kurzen Zuluftkanälen sowie gewissenhaftes Sauberhalten erreicht.

Nicht zuletzt sind Staub und Luftverunreinigungen auch ein Kernproblem für Restauratoren und Denkmalpfleger. Hohe Unterhaltskosten und Substanzverluste drohen durch die stetige Abfolge von Verschmutzung, Reinigung und Restaurierung.

6.4 Heizen

Alle wollen angenehmes Klima und behagliche Gebäude, niemand will wirklich eine Heizung. Diese triviale Feststellung kann nicht oft genug wiederholt werden, zu schnell wird die Technik zum reinen Selbstzweck. In wertvoller historischer Bausubstanz ist hinzuzufügen: Das vom Nutzer geforderte Raumklima darf zu keiner Schädigung am Bauwerk führen.

Der thermische Idealzustand für einen Menschen im beheizten Raum lässt sich vereinfacht folgendermaßen beschreiben: Die Lufttemperatur sollte nicht wesentlich von der mittleren Oberflächentemperatur der Umgebungsflächen abweichen, und die mittlere Oberflächentemperatur der wärmeliefernden Heizflächen sollte nicht wesentlich über der menschlichen Hauttemperatur liegen. In einem derart ausgeglichen temperierten Raum stellen sich bei ausreichender Luftdichtheit auch vorteilhafte, daher geringe Luftströmungen ein. Und im Allgemeinen sind diese harmonischen Klimaverhältnisse auch sehr gute Bedingungen für den langfristigen Erhalt von historischen Gebäuden und deren Ausstattung. Im Einzelfall können, wie in Kapitel 7 »Raumklima« erläutert, natürlich andere raumklimatische Verhältnisse notwendig sein.

Mit diesem Idealzustand ist noch kein Heizsystem beschrieben. Und in der Tat gibt es auch keine generell empfehlenswerte Altbau- oder Denkmalheizung. Die Auswahl und Auslegung einer geeigneten Heizung muss in jedem Einzelfall individuell erfolgen. Zur Orientierung sollen im Folgenden verschiedene Heizmedien und Heiztechniken auf ihre Eignung für historische Gebäude untersucht werden.

6.4.1 Wärme erzeugen und verteilen

Die Wahl des Brennstoffes ist eine richtungweisende Entscheidung. Natürlich sind neben den Belangen des Baudenkmals auch alle üblichen Kriterien zu beachten. Wesentlich ist zunächst, ob leitungsgebundene Energieträger wie Fernwärme oder Erdgas am jeweiligen Standort verfügbar sind. Hinsichtlich der Kosten müssen Anlage- und Betriebskosten bewertet werden. Der Wunsch nach Unabhängigkeit und Krisensicherheit führt bisweilen zur Wahl von bi- und multivalenten Anlagen, die den Einsatz verschiedener Brennstoffe ermöglichen. Mitunter sind örtliche Rechtssatzungen zu beachten, welche die Wahl eines speziellen Energieträgers (etwa Fernwärme) in bestimmten Siedlungsgebieten vorschreiben. In Zusammenhang mit der Umstellung des Energieträgers ist oft ein völlig neues Heizsystem erforderlich.

Heizgas (Erdgas)
Die Verwendung von Gas hat den Vorteil einer stetigen und schnellen Betriebsbereitschaft. Im Altbau von besonderem Vorteil ist die Raumersparnis durch Wegfall einer Brennstoffbevorratung und die Einsatzmöglichkeit von wandhängenden Geräten. Die in Kleinanlagen gebräuchlichen atmosphärischen Brenner sind wartungs- und geräuscharm, arbeiten effizient im mehrstufigen oder sogar modulierenden Betrieb. Die Verbrennung erfolgt weitgehend rückstandslos. Gasförmige Brennstoffe sind überwiegend in Städten gebräuchlich, da der Hausanschluss an ein Gasversorgungsnetz nötig ist.

Flüssiggas (Propan und Butan)
In geringerem Umfang kommt für Zentralheizungen auch Flüssiggas zur Anwendung. Unübersehbar strahlen die weißen Tanks in den Vorgärten, die dem Vorbeifahrenden die frohe Botschaft der Gasversorger verkünden. Bei Baudenkmälern ist eine verdeckte Aufstellung im Erdtank zu fordern. Flüssiggas ist nicht als Konkurrent, sondern als Ergänzung zu Gas und Öl oder als Übergangslösung zu sehen.

Heizöl
Öl ist heute immer noch der am meisten eingesetzte Brennstoff. Gerade im ländlichen Raum, wo leitungsgebundene Energieträger nicht oder nur mit erheblichen Investitionen bereitzustellen sind, ist Öl eine günstige Alternative zu Gas. Allerdings benötigen Heizungsanlagen mit Ölfeuerung Platz für die Brennstofflagerung in Tanks. Anlagen zur Lagerung von Heizöl bedürfen nach der Landesbauordnung einer Baugenehmigung und einer erstmaligen Prüfung durch einen Sachverständigen, entsprechend der Verordnung über abwassergefährdende Stoffe (VaWS Gesetz). Die Aufstellung der Tanks ist oberirdisch im Gebäude, in einer öldichten Auffangwanne oder in doppelwandigen Behältern, oder unterirdisch im Freien möglich. Die Größe der Tanks hängt vom Bedarf des Gebäudes, der Lage, der Verfügbarkeit des Heizöls und den Kosten für Öl und Tank ab.

Fernwärme
Fernwärme wird entweder in speziellen Heizwerken oder noch effektiver in kombinierten Heizkraftwerken, hier sozusagen als Abfallprodukt der Stromerzeugung, gewonnen. Gegenüber den vielen dezentralen Heizanlagen ist bei der Fernwärme durch die zentrale Wärmegewinnung ein

sehr hoher Wirkungsgrad und eine gute Schadstofffilterung möglich. Da Fernwärmeleitungen wesentlich teurer sind als etwa Gasleitungen, lohnt sich eine zentrale Fernwärmeversorgung nur in den Kerngebieten größerer Städte oder in Wohngebieten in Nachbarschaft von Industrieanlagen mit erheblichem Wärmebedarf. Für historische Gebäude ist der Fernwärmeanschluss aufgrund des relativ geringen Platzbedarfs sowie der Vermeidung von Brand- und Explosionsgefahr eine gute Lösung.

Die kleinen Fachwerkgebäude auf der Krämerbrücke in Erfurt sollten eine neue Heizung bekommen.

Durch das Verlegen einer Fernwärme-Ringleitung (hydraulisch getrennt und thermisch vorgeregelt) unter der Brücke mit individueller Anpassung über die Hausanschlüsse gelang eine angemessene und platzsparende Lösung.

Nahwärme

Eine interessante Alternative auch für den historischen Gebäudebestand ist die Nahwärme als Versorgung von mehreren Gebäudeblocks bis zu ganzen Stadtquartieren. Die »kleine Fernwärme« bezieht die Heizwärme aus kleinen dezentralen Blockheizkraftwerken, die gleichzeitig zur Stromerzeugung dienen, unter Nutzung der Abwärme von gas- oder ölbetriebenen Motoren

Elektrische Energie/Strom

Nur ein Drittel der aus fossilen und nuklearen Brennstoffen erzeugten Primärenergie wird an der häuslichen Steckdose tatsächlich genutzt. Dieses ungünstige Verhältnis beeinträchtigt die »Ökobilanz« und führt zu wesentlich höheren Energiepreisen als bei den vorher genannten Energieträgern. Allerdings sind die Investitionskosten gering, da die Heizgeräte im Vergleich zu Zentralsystemen preiswert sind und kein Verteilungsnetz nötig ist. Hohe Kosten können wiederum entstehen, wenn der Anschlusswert für eine Elektrospeicherheizung zu gering ist und die Elektroinstallation komplett erneuert werden muss.

In historischen Gebäuden wird der Einsatz elektrischer Energie die Ausnahme bleiben. Allerdings ist in Sonderfällen, bei instationärer Beheizung oder zur Abdeckung von seltenen Lastspitzen, die Elektroheizung in Betracht zu ziehen, vor allem wenn andere Systeme aufgrund des bau- und anlagentechnischen Aufwands dem Denkmal schaden würden oder grundsätzlich keine wasserführenden Leitungen ins Gebäude sollen. Besonderer Vorteil der Elektroheizung ist hier die dezentrale Installation, die ohne größere Verteilnetze und Wärmedämmung auskommt. Ebenso ist die elektrische Energie in einigen Fällen der geeignete Energieträger zur dezentralen Warmwasserbereitung. Darüber hinaus ist mitunter die örtliche, punktgenaue Anwendung elektrischer Heizwärme als Frostschutz, Notheizung oder auch als Feuchteschutz (Kondensat) sinnvoll, etwa in Form von elektrischen Heizbändern.

Kohle (Braunkohle, Steinkohle, Koks)

Kohle ist ein regional noch relativ häufig eingesetzter Brennstoff. In privaten Wohnungen dient Kohle fast ausschließlich zur Befeuerung von Einzelöfen. Die Einzelheizung mit Kohleöfen ist zwar eine kostengünstige Lösung, jedoch für den Einsatz in wertvollen historischen Gebäuden aufgrund von Verschmutzung, Schadstoffausstoß und latenter Brandgefahr nicht zu empfehlen.

Holz

Das Heizen mit Holz erfährt derzeit eine bescheidene Renaissance. Mit einer Vielfalt an Brennholzsortimenten, vom Stückholz über Hackgut bis zu Pellets, und neuen Techniken für die Feuerungsanlagen kann mit Holz wirtschaftlich und schadstoffarm geheizt werden. Das Betreiben von zentralen Kesselanlagen oder von Einzelöfen ist möglich. Bei Stückholz, Hackgut und Sägespänen sind die Flächen für Lagerung und teilweise Trocknung zu beachten. In waldreichen ländlichen Gegenden ist die Holzheizung eine traditionelle und prinzipiell auch für historische Gebäude gut geeignete Methode.

Doppelter Nutzen: Holz kann Heizen und Dämmen. Gerade auf dem Land ist Heizen mit Holz eine sinnvolle Alternative.

Sonne und Umweltenergie

Jedes Haus nutzt die natürliche Solarstrahlung für seine Energiebilanz – in Abhängigkeit von der Baukonstruktion mehr oder weniger intensiv. Massive alte Gebäude haben hier Vorteile gegenüber heutigen Häusern in Leichtbauweise. Neben dieser »passiven« Solarnutzung gibt es auch die Möglichkeit zur »aktiven« Nutzung durch Kollektoren oder Photovoltaik. Bei der Heizwärmeversorgung und Stromgewinnung spielt die Solarenergie in Deutschland bisher nur eine untergeordnete Rolle. Bessere Chancen hat sie bei der Warmwasserbereitung.

Ein besonders heikles Thema ist die Nutzung von Solarenergie am Denkmal. Bisher gibt es nur wenige technisch und formal überzeugende Lösungen, so dass die Denkmalschützer der Solarenergienutzung überwiegend skeptisch gegenüberstehen.

Auch alle anderen Formen der alternativen Energienutzung haben im historischen Gebäude grundsätzlich ihre Bedeutung. Mitunter gibt es

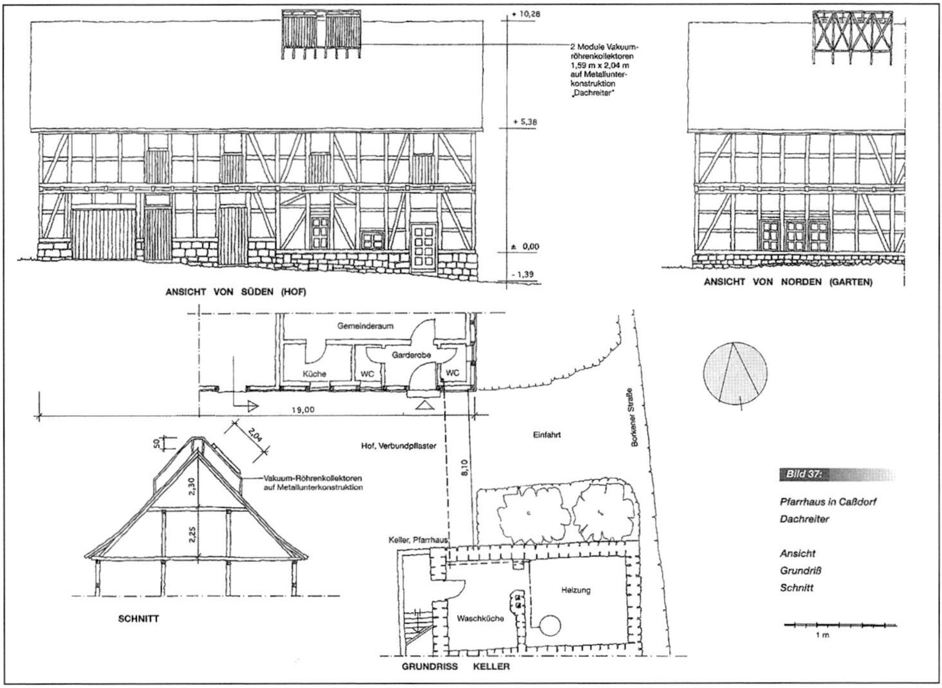

Problemfall Solarenergienutzung: Vorschlag zur Montage eines Dachreiters aus Traggerüst und Vakuumröhrenkollektoren in Form einer traditionellen Firstlaterne.

historische Vorbilder zur Energiegewinnung aus Wind- oder Wasserkraft. Häufig stehen jedoch Aspekte des Denkmalschutzes und des Naturschutzes dem Einsatz von auffälligen Großbauten wie etwa Windkraftanlagen entgegen.

Einzelofen bis Zentralheizung

Bei Heizungsanlagen in Mehrfamilienhäusern sind verschiedene Zentralisierungsgrade der Wärmeversorgung und Wärmeverteilung möglich. Bei Zentralheizung ist die Kopplung von Heizung und Warmwasserbereitung sinnvoll. Je nach Wärme- und Warmwasserbedarf wird zunächst die Wahl auf Kessel oder Therme fallen. Im Falle des Heizkessels ist ein indirekt beheizter Warmwasserspeicher, der neben dem Kessel angeordnet ist, in der Regel günstiger. Heizkessel mit fest eingebautem Warmwasserspeicher arbeiten im Sommerbetrieb relativ unwirtschaftlich, da das gesamte Heizwasser im Kessel ständig auf Warmwassertemperatur gehalten werden muss. Trinkwasserleitungen und Warmwasser-Heizleitungen sind bezüglich der Rohrmaterialien, Rohrdimensionen und Gebrauchstemperaturen durchaus vergleichbar. In Abhängigkeit von Heizwämeerzeugung und Warmwasserbereitung sowie den jeweiligen Anschluss- und Verbrauchsstellen sind verschiedene Verteilungsarten gebräuchlich. Die Leitungsführung muss die jeweiligen baulichen Gegebenheiten berücksichtigen. Im Altbau wird aus Zeit- und Kostengründen sowie aufgrund der relativ einfachen Verlegung gerne das Einrohrsystem benutzt. Aufgrund der in Strömungsrichtung ständig abnehmenden Vorlauftemperatur ist die Auslegung und Regelung nicht ganz einfach. Voraussetzung für eine funktionierende Volumenstromregelung ist die strömungstechnische Einregulierung der installierten Anlage, der so genannte hydraulische Abgleich. Im Falle der Einrohrheizung ist das Einregulieren recht aufwendig und unterbleibt daher, trotz Hinweises in der Leistungsbeschreibung, auf der Baustelle oft gänzlich.

Mit der neuen Zentralheizung verschwand auch das Abgas-/Zuluftrohr des alten Wandheizgerätes. Der Verlust der Fensterbank ist nicht umkehrbar.

Zentrale Wärmeversorgung für das gesamte Gebäude

Mit einer Zentralheizung ergeben sich Vorteile durch einen besseren Kesselwirkungsgrad sowie Platzgewinn für einzelne Wohnungen und gewisse Freiheiten in der Grundrissgestaltung, da nur ein Schornstein beziehungsweise ein Abgasrohr benötigt wird. Dem stehen zumindest bei kleineren Gebäuden vergleichsweise höhere Kosten gegenüber sowie auch die Notwendigkeit von Heizkostenverteilern, da keine direkte Verbrauchsmessung möglich ist. Gebäudezentralheizung bedeutet zunächst, einen Platz für den Wärmeerzeuger zu finden. Bei Anlagen über 50 kW Nennheizleistung muss der Aufstellort des Kessels den Anforderungen eines Heizraums genügen: Brandschutzauflagen, ausreichende lichte Höhe und Grundfläche, Abluftschacht, Zuluftöffnung. Auch bei Fernheizung ist ein Raum für die Wärmeübergabestation nötig. Die zentrale Wärmeerzeugung eröffnet die Chance zur parallelen zentralen Warmwasserbereitung. Hier kann der Warmwasserbereiter wegen der höheren Ladeleistung des Wärmeerzeugers kleiner als die Summe der möglichen Einzelgeräte bemessen werden.

Eine Möglichkeit, die Errichtung eines Schornsteines einzusparen, besteht in der Kaskadenschaltung mehrerer kleiner Wärmeerzeuger in einer Dachheizzentrale. Für die gebläseunterstützten Geräte ist dann die Abgasführung über ein Zuluft-Abgas-Rohr nötig. Natürlich geht mit der Einrichtung einer Dachheizzentrale eine potentiell größere Gefahr von Wasserschäden als bei Aufstellung im Keller einher.

Die gebräuchliche Methode der Heizwasserverteilung ist die horizontale Verteilung im Keller oder im Dach mit geschossübergreifenden vertikalen Strängen im Gebäude. Die vertikale Leitungsführung kann in der Raumecke mit oder ohne Putzkasten erfolgen. Vorteile ergeben sich insbesondere bei gleichen, übereinander liegenden Grundrissen durch die kurzen Anbindungen und die örtliche Begrenzung der Schallquellen. Mitunter wird auch die zentrale vertikale Verteilung mit einem Hauptsteigestrang in zentraler Lage, etwa im Treppenhaus, und horizontaler Anbindung jeder Wohnung gewählt. Dadurch können Deckendurchbrüche vermieden werden.

Etagenheizung/Geschoss- oder wohnungsweise Zentralheizung

Die Etagenheizung bietet Vorteile durch individuelle Regelung und verbrauchsabhängige Abrechnung. Sanierung, Wartung und Reparatur sind wohnungs- oder etagenweise möglich. Bei Gebäuden mit wenigen Wohneinheiten sind geringere Kosten als bei einer Zentralheizung zu erwarten. Mit der Anzahl der Einzelgeräte steigen gegenüber der Zentralheizung freilich auch das Ausmaß der Gefahrenstellen und der Aufwand für Pflege und Wartung. Die Wärmeversorgung für jede Wohnung erfolgt durch kleine, Platz sparend an der Wand hängende Heizthermen oder Kombithermen mit Warmwasserbereitung. Der Brennstoff Gas ist gut geeignet. Bei der Kombination mit der Warmwasserbereitung sollte in der Regel das Speicherladesystem gewählt werden, um die notwendige Wärmeleistung des Wärmeerzeugers gering zu halten. Die Frage nach Kessel oder Therme wird im Altbau meist zugunsten der Therme entschieden. Die Therme arbeitet nach dem Durchlaufprinzip, ist deshalb klein, leicht und variabel in der Aufstellung, die meist wandhängend erfolgt. Im Altbau wiegt dieser Vorteil schwer gegenüber dem größeren Kessel, der nach dem Speicherprinzip arbeitet und entsprechend mehr Platz und Gewicht beansprucht. Anders sind die Verhältnisse, wenn die Leistung der Therme nicht zur Warmwasserbereitung ausreicht. Der dann zusätzlich notwendige Warmwasserspeicher steht dem Kessel in puncto Gewicht nicht nach. Bei der Etagenheizung entfallen durch die Stockwerksverteilung die Steigestränge und entstehen viele horizontale Verteilleitungen. Das System eignet sich besonders, wenn der Heizkörper an der Innenwand liegt, da hier kurze Anbindungswege entstehen.

Einzelheizung/Raumweise Heizung mit Einzelfeuerstätten

Einzelheizungen benötigen von allen Systemen den geringsten Bau- und Installationsaufwand und bewirken damit die geringsten Kosten. Die Aufstellung kann weitgehend unabhängig von einem zentralen Versorgungsnetz erfolgen. Energieträger sind Öl, Gas, Kohle oder Holz. Für ein Denkmal können sie in Sonderfällen die traditionelle und einzig mögliche Lösung darstellen. Allerdings muss die latente Brandgefahr beachtet werden. Nachteilig sind bei konventionellen Einzelheizungen der hohe Bedienungsaufwand, der geringe Heizkomfort, starker Schmutz- und Staubanfall sowie die Brennstofflagerung in Wohnraumnähe. Abhängig vom Grundriss sind mehrere Schornsteine nötig. Beliebt sind deshalb die schornsteinlosen Gasraumheizer die besonders zur Altbaumodernisierung verwendet werden. Durch die erhöhte Dichtheit von Fenstern und Außentüren infolge von Energiesparmaßnahmen ist jedoch eine ausreichende Verbrennungsluftzufuhr nicht mehr gegeben. Neben den klassischen Außenwandfeuerstätten sind in den vergangenen Jahren etliche Gerätevarianten für raumluftunabhängigen Betrieb auf den Markt gekommen, unter anderem auch für den Anschluss an Luft-Abgas-Schornsteine. Beim raumluftunabhängigen Betrieb wird die Verbrennungsluft von außen über eine Leitung oder einen Schacht in die abgeschlossene Ummantelung der Feuerstätte oder direkt in die geschlossene Verbrennungskammer des Wärmeerzeugers geführt.

Wärme in den Raum geben 6.4.2

Strahlung oder Konvektion – die alte Frage

Wärmeabgabe durch Strahlung oder Konvektion, was ist günstiger? Hier scheiden sich die Geister fast in gleichem Maß wie bei dem ewigen Streit um »Dämmung oder Speicherung«. Und tatsächlich handelt es sich um ähnlich einfache Fragen, die nur schwer zu beantworten sind. Ein Dauerthema der Fachliteratur der letzten hundert Jahre; es geht auch um das Bauen früher und heute. Wenn man zurückschaut, gab es lange Zeit nur einen Wunsch: Die Befriedigung der elementaren Wärmebedürfnisse überhaupt. Zumindest in den eigenen vier Wänden sollte es warm sein. Nun in Zeiten des Wohlstands und Übermaßes gibt es ein neues Ziel: Behaglichkeit. Inhalt dieses Buches sind keine wärmephysiologischen oder hygienischen Exkurse. Es geht um alte Häuser, doch zum Glück gibt es viele Gemeinsamkeiten.

Es kann keine reine Strahlungs- oder Konvektionsheizung geben. Das funktioniert technisch nicht und praktisch schon gar nicht. Eine gesunde und altbauverträgliche Heizung sollte, gemäß dem Grundsatz der gleichmäßigen Temperaturverteilung, großflächige, direkt oder indirekt temperierte Flächen besitzen. Weniger geeignet sind Systeme, bei denen die Wärme örtlich komprimiert und überwiegend konvektiv abgegeben wird, da sie den bereits genannten Forderungen, etwa nach gleichmäßiger Temperatur oder Staubarmut der Luft, nicht genügen können. Bei aller Schärfe der theoretischen Diskussion hat es in der Praxis immer einen gewissen Ausgleich gegeben. Nicht von ungefähr ist das aktuelle k-Wert- und Energiesparfieber mit einem gleichzeitigen Trend zu Ökologie, Strahlungswärme und Kachelofen verbunden.

Beide Systeme haben Vor- und Nachteile. Konvektion führt zu starken Raumluftströmungen und damit einhergehender Staubverteilung. Temperaturunterschiede zwischen Raumluft und Bauhülle können trotz gleicher absoluter Luftfeuchte zu unterschiedlichen relativen Luftfeuchten führen. Auf kalten Oberflächen kann bei Kontakt mit warmer feuchter Luft Kondensat entstehen. Vorteile sind schnelles Reagieren auf

Änderungen der Raumtemperatur, hohe Leistung der Heizgeräte bei kleinen Abmessungen und relativ geringe Kosten. Bei der Strahlungsheizung kompensiert die auf den Körper treffende Wärmestrahlung den Verlust infolge der Abstrahlung an kalte Raumflächen wie etwa Fenster. Wird die Wärme überwiegend durch Strahlung übertragen, kann bei gleicher Behaglichkeit für den Menschen die mittlere Raumtemperatur abgesenkt werden. Heizstrahler mit punktförmiger Wärmeabgabe sind aufgrund der ungleichmäßigen Aufheizung mit partiell hoher Strahlungsbelastung sowohl physiologisch als auch bauklimatisch nicht geeignet. Charakteristisch sind die hässlichen Staubfahnen über den hocherhitzten Geräten, wie etwa aus Kirchen mit Gasstrahlern bekannt. In Analogie zur Beleuchtung ist es leicht vorstellbar, wie schwierig die gleichmäßige Ausstrahlung eines Raums ist.

Funktion und Gestaltung

Es wurde schon gesagt: Ein Gebäude, einen Raum zu beheizen, ist heute nicht mehr das eigentliche Problem. Wir wollen »gutes Klima« und Behaglichkeit, und wir haben die Auswahl an Möglichkeiten. Darin liegt eine Chance und ein Problem. Während früher die beschränkten technischen und finanziellen Mittel eine Einheit von Form und Funktion garantierten, führt heute das »alles ist möglich« zwar zur Freiheit der Wahl, aber auch zum Werteverlust und völligen Begriffschaos. Mit der Mär vom guten alten Kachelofen, von der gemütlichen Ofenbank wird ein Stück Heimat und Geborgenheit verkauft, egal ob es nun um eine Warmluftheizung, eine Elektroheizung oder den Gaskamin mit feuerumzüngelten Holzscheiten aus Keramik geht.

Andererseits wird von vielen Architekten und Bauherren die Heizung immer noch als notwendiges, aber lästiges Übel betrachtet, von dem vor allem nichts zu sehen sein soll. So kommt die Vorliebe für Boden-, Wand-, Decken- oder gar Luftheizungen nicht von ungefähr. Sind Heizkörper vorgesehen, obliegt es weitgehend dem Fachplaner, diese »auszulegen«. Und wie der Name schon suggeriert, geht es hier nicht um Auswahl und Gestaltung, sondern um die Bestimmung von Wärmeleistung sowie Anzahl und Abmessung des billigsten Heizkörpertyps. Wärmephysiologische Aspekte – Stichwort Behaglichkeit –, aber auch gestalterische und bauklimatische Anforderungen aus dem Bauwerk werden nicht berücksichtigt. Doch gerade hier ist die Abstimmung auf nutzungsspezifische und bauliche Gegebenheiten geboten. Der Heizkörpermarkt bietet heutzutage eine große Palette von Erzeugnissen in verschiedensten Formen, Farben und Oberflächen. Für historisierende, daher auf »alt gemachte« Öfen und Heizkörper gibt es aus denkmalpflegerischer Sicht keine Beweggründe. Verweise auf römische Hypokaustenanlagen bringen für das Heizen in unseren Baudenkmälern keinen Nutzen. Im Gegenteil: Das Neue sollte sichtbar sein, ohne sich aufzudrängen. Eine Ausnahme bilden historische Räume mit hochwertiger Innenausstattung, etwa alte Schlösser, in denen bei Einsatz moderner Heizflächen der Gesamteindruck stark verfälscht würde und die Installation von Nachbauten daher angemessen ist.

Kachelofen

Nur wenige Produkte aus Menschenhand haben einen derart guten Ruf wie der Kachelofen. Und wie bei der ähnlich weit entrückten »guten alten Zeit« weiß auch beim Kachelofen niemand so genau, was eigentlich konkret dahinter steckt. Da jeder erdenkliche Geschmack und auch jede Geschmacklosigkeit prompt mit neuen Produkten bedient wird, fällt die Orientierung schwer. Wenn es ein Kachelofen sein soll, muss man konsequent sein. Der »richtige« Kachelofen funktioniert nach dem Prinzip des Grundofens und wird mit Holz beheizt. Der Name Grundofen sagt es schon, das Feuer liegt auf dem Grund des Ofens, also ohne Rost. Es handelt sich um ortsfeste Öfen aus überwiegend keramischen Baustoffen mit handwerklich gemauerter Feuerung.

Zwischen Kachelgrundofen und Kachelofen-Warmluftheizung liegen Welten. Der erhitzte Kachelmantel des Grundofens – mit relativ milder Temperatur im Vergleich zu Guss- und Stahlöfen – strahlt bei richtigem Standort weit in den Raum und führt zu einer recht gleichmäßigen Erwärmung der Raumhülle. So ist die Konvektion im Raum und damit die Staubumwälzung gering. Der Warmluft-Kachelofen dagegen schiebt vor allem die am Heizeinsatz erhitzte Luft durch das Zimmer. Ohne Erfolg sind alle Versuche verlaufen, den Kachelofen zur Zentralheizung umzurüsten. Die Ausstattung von Kachelöfen mit einer »Wasser-Heiztasche« zur parallelen Versorgung der Heizkörper einer Warmwasserheizung ist technisch ebenso unsinnig wie finanziell untragbar. Es gilt somit: Ein Raum – ein Ofen. Wird über geöffnete Türen geheizt, gehen die Vorteile der Strahlung verloren. Also passt der Grundofen nur für kleine Wohnungen oder als Zusatz-/Übergangsheizung. Für das Heizen in der Übergangszeit von März bis Mai und September bis November sind keine tonnenschweren Exemplare nötig. Auf Holzbalkendecken ist das Aufstellen von großen schweren Öfen ohnehin problematisch und erfordert eine Lastverteilung und Verstärkung. Bei Feuer in der Wohnung besteht immer eine latente Brandgefahr, schon aus diesem Grund ist der Kachelofen zwar für viele hochrangige Denkmäler durchaus die authentische Lösung, aber heute nicht mehr zulässig.

Bei richtiger Brenntechnik entstehen nur geringe Mengen an Luftschadstoffen. Beim Thema Brennstoff liegt jedoch einiges im Argen und hier findet sich leider auch ein weiterer Grund für die Beliebtheit des Ofens: Der Kachelofen als private Müllverbrennungsanlage, in dem sich so praktisch alte Kartons, Bretter, Illustrierte und ein Großteil des Hausmülls (weniger Abfallgebühr!) »entsorgen« lassen. Davor muss ganz entschieden gewarnt werden, ansonsten währt die Freude am Ofen nicht lange. Bei manchen Zugaben besteht Explosionsgefahr, und nicht zuletzt haben wir einen Luftverschmutzer übelster Sorte in der guten Stube, der Salzsäure, Schwermetalle, Phenole, Formaldehyd und Dioxine aus dem Kamin bläst. Außer gewissenhaft getrocknetem Naturholz – mindestens zwei Jahre Trockenzeit – darf nichts verbrannt werden.

Moderner Kachelofen: Gemauerter Grundofen mit heizbarer Sitzbank und Edelstahlschornstein in mittelschwerer Bauweise (Heizleistung ca. 8 kW).

Andere Einzelfeuerstätten

Die Zentralheizung galt und gilt als Inbegriff des modernen Wohnens. Tatsächlich war es in Hinsicht auf Hygiene und Wohnqualität ein ungeheurer Fortschritt, als die alten Öfen durch Zentralheizungssysteme verdrängt wurden. Doch wenn man sich die Gründe für ihre Ablösung genauer anschaut – Raumbedarf, Schornsteinersparnis, Verschmutzung durch Staub, Rauch und Ruß, Feuergefahr, Bedienungsaufwand –, so können moderne Einzelöfen mit deutlich verbesserten Eigenschaften durchaus wieder eine Alternative bieten. Allerdings muss bauseits die entsprechende Anzahl an Schornsteinen beziehungsweise Abgasrohren zur Verfügung stehen. Ein Problem bleibt die Betriebsbereitschaft bei längerer Abwesenheit, so dass die Verwendung nur als Zusatz- oder Übergangsheizung angemessen erscheint.

Nachtstromspeichergeräte

Nachtstromspeichergeräte beziehen zwar preisgünstigen Nachtstrom, kommen im Altbau jedoch aufgrund des großen Platzbedarfs und des großen Gewichts weniger in Frage. Die Geräte arbeiten mit Gebläse, die Wärmeabgabe erfolgt weitgehend konvektiv. Diese Heizart ist raumklimatisch ungünstig, da es an dem heißen Gerätekern zu einer starken Erhitzung der Raumluft und Staubverschwelung kommt. Außerdem ist ein sehr hoher Elektroanschlusswert nötig, der im Altbau üblicherweise nicht gegeben ist.

Außenwandfeuerstätten (Gas oder Öl)

Diese Geräte können an jeder Stelle einer Außenwand, auch unter Fenstern, aufgestellt werden. Die Verbrennungsluft wird von außen angesaugt und die Abgase werden auch unmittelbar nach außen abgeführt. Jedoch kann der Vorteil einer kaminunabhängigen Aufstellung die Nachteile der Abgasführung über die Fassade in der Regel nicht wettmachen. Ihre Anwendung geht daher deutlich zurück. Schon bei einfachen Gebäuden bestehen hygienische Bedenken, da die Abgase unter Umständen in Fenster der darüber liegenden Wohnung gelangen können. Durch den »Coanda-Effekt« legt sich ein Luftstrahl oder eine Rauchgasfahne infolge eines einseitigen Unterdrucks an eine Wandfläche an.

Bei Baudenkmälern verbietet sich der Einsatz durch die ästhetische Beeinträchtigung der Fassade und die Oberflächenkorrosion (Säurebildung). Im Winter kann die Fassade beschädigt werden, wenn die feuchten Abgase an den Wandoberflächen kondensieren, gefrieren und sich zu einer Eisschicht aufbauen. Bei der Durchleitung durch Stroh-Lehm-Gefache müssen die hohen Abgastemperaturen und ein möglicher Kondensationsanfall auf der äußeren Rohroberfläche berücksichtigt werden. Außenwandfeuerstätten sind geeignet für den Anschluss an Luft-Abgas-Schornsteine (LAS). Diese Schornsteine dienen gleichzeitig der Zuführung der Verbrennungsluft und der Abgasableitung. Das Rohr-in-Rohr-System kann nachträglich eingebaut werden, darf von mehreren Wärmeerzeugern genutzt werden und gewährleistet eine einwandfreie Ver- und Entsorgung über Dach.

Treffer: Abgas- und Zuluftrohr eines Außenwandheizgeräts.

Mitten durch die Wand, ein klassischer Fall.

Der »Coanda Effekt« wird deutlich sichtbar.

Fußbodenheizung

Die Fußbodenheizung wird mit Hinweisen auf gestalterische Gesichtspunkte (kein sichtbarer Heizkörper) nicht selten als Ideallösung für historische Gebäude angeboten, ist jedoch unter denkmalpflegerischen Aspekten recht bedenklich. Zunächst entstehen direkte Substanzverluste durch den Eingriff in den Decken- und Fußbodenaufbau. Der Systemaufbau mit Dämmung und der Höhenausgleich bei geneigten Decken zwingt zu einer Höherlegung des Fußbodenniveaus und damit zur Verfälschung der Raumproportionen. Die Raumhöhe verringert sich, Türen müssen angepasst werden, die Höhe der Fensterbrüstungen ist womöglich nicht ausreichend. Und letztlich beinhalten die wasserführenden Leitungen im Fußboden eine latente Gefahr für die darunter liegende Decke. Der Einsatz sollte daher bestenfalls im Erdgeschoss erfolgen.

Wandheizung

Physiologisch und bauklimatisch vorteilhaft ist die »milde« und gleichmäßige Wärmeabgabe der Wandheizung. Unter Wandheizung soll hier nicht die »hochgeklappte Fußbodenheizung« verstanden werden. Derartige Systeme mit vorgefertigeten Hartschaumplatten zur Aufnahme der Heizschlangen sind aufgrund der geringen Flexibilität sowie der Feuchteprobleme (Dampfsperre!) für Altbauten kaum geeignet. Systeme mit Heizkonvektor und vorgeblendeter Trockenwand bringen formale und technische Probleme vor allem im Anschluss an Fenster und Decke. Grundsätzlich gelten die Hinweise zur Fußbodenheizung ebenso für alle plattenartigen Systeme auf der Wand. Sinnvoller sind kleinere Register mit punktueller Befestigung die entsprechend den örtlichen Gegebenheiten auf der Wand montiert werden können. Das Verlegen von Heizrohren in der Wand scheitert häufig aus Gründen des Substanzschutzes. Sofern ein neuer Wandputz ohnehin vorgesehen ist, können dünne Heizrohre oder Kapillarmatten direkt in den Putz eingebracht werden.

Heizleisten (Sockelheizkörper, Fußleistenheizkörper)

Heizleisten sind durchaus eine Alternative zu den üblichen Heizkörpern und Flächenheizungen. Sie können als indirekte Wandheizung wirken, sofern eine gleichmäßige Temperaturverteilung gesichert ist. Nicht geeignet sind Fußleistenkonvektoren mit in den Raum gerichteten »Weitwurfschlitzen«. Im Altbau treten häufig Installationsprobleme auf, da es dort kaum gerade Wände gibt. Die konfektionierten Verkleidungen aus Kunststoff und Metall sind daher nur bedingt einsetzbar.

Konvektoren

Konvektoren sind mit einem Kasten oder einer Platte verkleidete Rippenrohre. Durch die Schachtwirkung erfolgt die Wärmeabgabe weitgehend konvektiv. Hohe Wassertemperaturen führen zu Staubverschwelung und Geruchsbelästigung. Der Einsatz erfolgt hauptsächlich in Räumen mit geringer Brüstungshöhe in verdeckter Aufstellung, häufig unter Einbeziehung historischer Wandverkleidungen. Vorteilhaft sind geringe Anheizzeit und schnelle Regelung. Nachteilig ist die Staubzirkulation aufgrund der Konvektion.

Unterflur-Konvektor

Unterflur-Konvektoren sind eine Sonderform der Konvektorheizung, die mitunter aus gestalterischen Gesichtspunkten eingesetzt wird, um sichtbare Heizflächen zu vermeiden. Gebräuchlich ist der Einsatz vor raumhohen Verglasungen. Im Altbau kommt ohnehin nur das Erdgeschoss in Frage, da das Verlegen in Decken, etwa in den Feldern zwischen Holzbalken, selbst bei großer Deckenhöhe aus Schallschutzgründen scheitert. Ungünstig sind ganz generell die starke Verschmutzung und Staubumwälzung bei diesem System.

Radiatoren (Gliederheizkörper)

Moderne schlanke Radiatorentypen kommen im historischen Gebäude aufgrund der gefälligen Optik und der Transparenz zur dahinter liegenden Wand häufig zum Einsatz. Standkonsolen ermöglichen eine freie Montage. Der große Wasserinhalt ist vorteilhaft für die Speicherwirkung und nachteilig im Falle eines Lecks. Die unkomplizierten Einsatzmöglichkeiten, gute Regelbarkeit, hohe Lebensdauer und Wartungsfreundlichkeit und nicht zuletzt der günstige Anschaffungspreis sprechen für diese Heizelemente.

Plattenheizkörper

Plattenheizkörper sind heute mit etwa 85 Prozent Marktanteil die gebräuchlichste Heizkörper-Bauform. Die übliche Form besteht aus zwei senkrechten vom Heizwasser durchflossenen Platten mit einem dazwischen liegenden Konvektorblech. Der Strahlungsanteil liegt bei höchstens 30 Prozent. Sofern die Wärmeleistung ausreicht, sollten einreihige Platten ohne Konvektorblech verwendet werden, da sich der Strahlungsanteil erhöht und vor allem weniger Staub und Schmutz von den Blechlamellen in den Raum gelangt. Aufgrund des geringen Wasserinhalts reagieren Plattenheizkörper sehr flink auf Umgebungseinflüsse und Leistungsregelung.

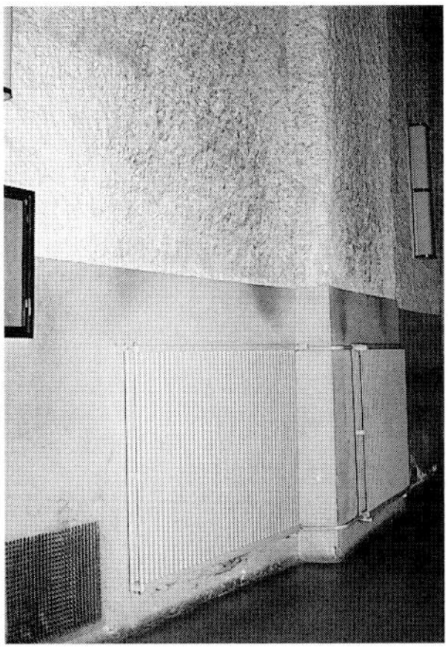

Plattenheizkörper in einer Kirche mit Verschmutzung der Wandoberfläche.

Designheizkörper

So genannte Designheizkörper gibt es in verschiedensten Formen und Farben. Mit Ausnahme der Badheizkörper, die gleichzeitig als Handtuchwärmer und -trockner dienen, haben sie aber nur einen geringen Marktanteil. Für die Verwendung gibt es im historischen Gebäude keine größere Berechtigung als im Neubau.

Die folgende Tabelle gibt erste Hinweise für eine zusammenfassende Bewertung der Einsatzmöglichkeiten. Im Einzelfall ist natürlich eine andere Beurteilung möglich.

	Installations-aufwand Substanzverlust	Ästhetik	Raumklima	Wartung Reparatur	Kosten
Einzelheizung	x	xx(x)	xx	xx	x
Fußboden-heizung	xxxx	x	xx	xxx(x)	xxx
Wandheizung	xxx	x	x	xxx(x)	xxx
Heizleisten	x(x)	x(xx)	x(x)	xx	xx
Konvektor	xx	xx(x)	xxx	xx(x)	xx
Radiator	xx	xx(x)	xx	xx	xx
Plattenheiz-körper	xx	xx(x)	xx	xx	xx

x = gut geeignet, xx = geeignet, xxx = kritisch, xxxx = große Probleme

Tabelle 8 Einsatz verschiedener Heizsysteme und Heizkörper im historischen Gebäude

6.5 Energie sparen

Maßanzug statt Zwangskorsett

Die Notwendigkeit, sorgsam mit den natürlichen Ressourcen umzugehen, ist unbestritten. Doch »Energieeinsparung« ist ein weites Feld und hat viele Facetten. Bei praktisch allen Arbeitsschritten im Bauablauf sind energierelevante Aspekte zu beachten. Bei Baudenkmälern kann die Abwägung der Interessen von Denkmalschutz und Energieeinsparung am besten gelingen, wenn bereits die Bedingungen für geplante Eingriffe ins Baudenkmal von Anfang an zwischen allen Beteiligten, den Eigentümern, Architekten, Fachingenieuren und Denkmalschutzbehörden, entwickelt werden.

Energieeinsparung umfasst nicht eine große Dämm- und Kesseltauschaktion, sondern beruht auf vielen kleinen Schritten. Die Vorsorge und die spätere Kontrolle gehören ebenso dazu wie der Routinecheck, die Inspektion während des Betriebes. Wärmeschutz und Energieeinsparung müssen sich einordnen in die gesamte Objektbearbeitung und in den gesamten Lebenszyklus. Die Baupraxis wirkte dabei häufig als Korrektiv der konzeptionellen Planung sowohl in der handwerklichen Umsetzung als auch auf der Kostenebene.

Zu beachten sind etwa die im Vergleich zum modernen Haus relativ geringen Fenstergrößen in historischen Gebäuden. Werden die alten Fensterformate beibehalten und mit hoch dämmenden Isolierverglasungen versehen, so ist mitunter die Belichtung der Räume nicht mehr ausreichend, da mit dem Einsatz von beschichteten Mehrscheibensystemen die Lichtdurchlässigkeit der Fenster sinkt. Um genügend Licht ins Haus zu lassen, werden dann entsprechend mehr oder größere Fenster eingebaut. Fazit: Die Energiebilanz hat nicht gewonnen, und das Denkmal hat verloren.

Richtig rechnen

»Energieeinsparung« ist nicht nur von der Dämmdicke eines Bauteils oder dem Wärmerückgewinnungsgrad der Lüftungsanlage abhängig. Heizenergie muss letztlich am Kessel gespart werden, in Kohle, Öl oder Gas und im Endeffekt in Mark und Pfennig der Heizkostenrechnung. Das heißt: Es hat keinen Sinn, die Wirkungsgrade von Maßnahmen einzeln zu optimieren und dann zu addieren. So kann die Einstrahlung von Solarenergie nur dann verwertet werden, wenn die Heizanlage entsprechend flink reagiert. Ansonsten drohen Überhitzen und Fortlüften. Bei der Vielzahl der Komponenten kommt dem Nutzer beziehungsweise einer weitgehend automatisierten Regeltechnik eine herausragende Rolle zu.

Energieeinsparungen durch Nachtabsenkung sind bei ausreichender Luftdichtheit der Bauhülle in massiver historischer Bausubstanz meist nur theoretischer Natur. Um Bauschäden zu vermeiden, ist von sporadischer Heizung oder nur örtlicher Heizung abzuraten. So führt etwa das noch weit verbreitete Heizen im Wohnzimmer und das Warmlüften der Schlafzimmer mit warmer, aber gleichfalls feuchter Luft zu Kondensatproblemen und ständig muffigem Schlafzimmerklima.

Kennwert und Verbrauch

Erste Voraussetzung für effektive und nachhaltige Energieeinsparung ist das Wissen um die real existierende »energetische Qualität« von Altbauten. Generell fehlen für den historischen Baubestand fundierte Aussagen zum Heizenergieverbrauch. Eingeführte rechnerische Nachweisverfahren bieten bestenfalls eine Näherung. Der Gebäudebestand umfasst eine große Vielfalt an Bautypen und Bauqualitäten mit stark differierendem Erhaltungszustand sowie unterschiedlicher Nutzung. Daraus resultiert eine ebenso deutliche Bandbreite an Verbrauchswerten für die Gebäudebeheizung.

Vor Beginn einer wärmetechnischen Sanierung mit Wärmedämmung oder Fensteraustausch muss eine praxisnahe und zuverlässige Bestandsanalyse erfolgen. Im Baualltag dominiert jedoch eine undifferenzierte Vorgehensweise, ohne genaue Zustandsermittlung und Verbrauchskontrolle. Die häufig zu beobachtende Diskrepanz zwischen errechneten Einsparpotentialen und den sich real ergebenden Verbrauchswerten muss vor diesem Hintergrund nicht verwundern.

Stehen Verbrauchsdaten aus Abrechnungen zur Verfügung, kann mit deren Hilfe der Heizenergieverbrauch einfach bewertet werden. Zunächst muss die beheizte Bruttogeschossfläche oder das Raumvolumen als Energiebezugsfläche berechnet werden. Aus früheren Heizungsabrechnungen (Öl oder Gas), am besten aus 5 bis 10 Jahren, lässt sich dann der mittlere Energieverbrauch ermitteln. Den Heizwert von Heizöl oder Erdgas erhält man vom jeweiligen Versorgungsunternehmen. Zum Schluss wird der Wirkungsgrad der Heizanlage geschätzt und gegebenenfalls der Warmwasserverbrauch von den Verbrauchswerten abgezogen.

Nutzerverhalten

Wenn sich nach einer Sanierung die erhofften Verbrauchswerte nicht einstellen, gibt es schnell einen Schuldigen, den Bewohner und sein »Nutzerverhalten«. Er hat zu viel geheizt und zu oft gelüftet. Der Nutzer als »Störgröße«! Schnell wird dabei vergessen, dass nicht für eine technische Anlage, sondern für den Menschen geheizt und gelüftet werden soll. Auch wenn sich die Soziologen damit plagen, wir Techniker haben ihn längst erfunden, den aus sich selbst bestimmten freien Menschen. Natürlich gibt es einen bedeutenden Einfluss des Nutzers, gerade darum geht es ja, und ebenso natürlich ist diese Einflussnahme nicht nur von Statur, Alter und Wesen abhängig, sondern auch von den Lebens- und Wohnbedingungen. Art und Weise des Wohnens und Heizens beeinflussen das Verhalten des Menschen. Drastisch gesagt: Wenn die Heizung stinkt, dann macht man das Fenster auf. Auch hier geht es um Energiesparen. Und wenn der Nutzer falsch heizt und lüftet, dann wurde nicht selten falsch gebaut.

Niedrigenergiehaus

Ein besonders heikles Unterfangen ist der Umbau eines alten Gebäudes zu einem »Niedrigenergiehaus«. Dabei treten weit häufiger unvorhersehbare Ausführungshindernisse auf als bei konventioneller Bauweise. Zudem gilt: Je höher der energetische Standard angesetzt wird, um so weniger besteht Spielraum für Ausführungsfehler. Eine sehr hohe Präsenz der Bauleitung ist daher unumgänglich.

Während in einem Ziegelbau in massiver Bauweise mit regelmäßigem Aufbau und geraden Wänden noch leidlich gute Voraussetzungen bestehen, wird es bei einem Fachwerkhaus prekär. Fortschreitende Quantität führt irgendwann zu einer neuen Qualität, so lehren es die Klassiker. Wie in der großen Welt, so auch bei der Dämmung von Fachwerk. Mit zunehmender Innendämmung und reduzierten Transmissionsverlusten erhöht sich proportional der Anteil der Lüftungswärmeverluste. Gleichzeitig wächst die Gefahr von Tauwasserbildung in der Wand. Der Einsatz einer Luftdichtebene auf der Innenseite ist dann bauphysikalisch und energetisch zwingend erforderlich. Das nachträgliche Verlegen einer luftdichten Ebene verlangt jedoch enormen technischen Aufwand und handwerkliche Akribie.

Das Deutsche Zentrum für Handwerk und Denkmalpflege in Fulda (ZHD) begutachtete in einem Forschungsprojekt den Versuch, ein altes Fachwerkhaus zu einem Niedrigenergiehaus umzubauen.[24]

Durch das »Abdrücken« eines Gebäudes mit dem so genannten »blower-door«-Verfahren können Undichtheiten in der Bauhülle ermittelt werden.

Zu sehen sind die Abklebungen mit Baupappe an den Deckenbalken und die Traglattung für die Holzplatte.

Die Dichtungsebene wird durch eine Holzplatte (OSB-Format) mit mehrfach abgeklebten Anschlüssen realisiert.

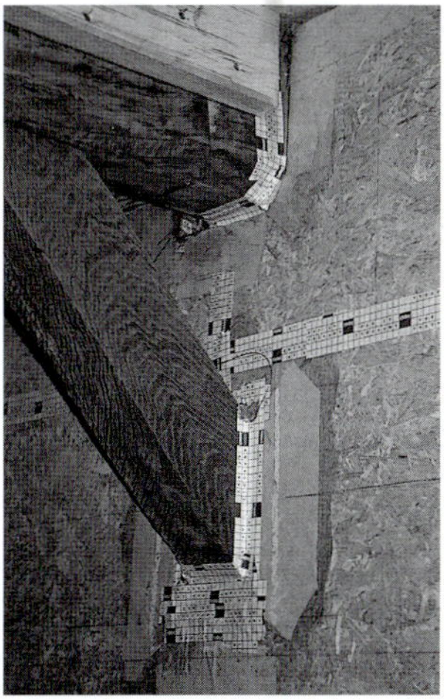

Mit großem Einsatz, hoher Motivation und Fachkunde aller Beteiligten gelang es, das anspruchsvolle Ziel zu verwirklichen. Vor allem die Realisierung des Dämmkonzepts und der Luftdichtebene erforderte einen deutlich erhöhten Aufwand für Planung und Ausführung. Der k-Wert der Bauhülle beträgt ca. 0,2 $W/(m^2K)$, die Luftdichtheit liegt bei $n_{50} = 0{,}52\ h^{-1}$, ein »sensationeller« Wert für ein altes Fachwerkhaus.

Trotzdem bleiben Zweifel. Ein generell fragwürdiges Unterfangen ist der Versuch, die innere Luftdichtheit durch Folienbahnen, Baupappen und Klebebänder herzustellen. Immer wenn ein wichtiges Konstruktionsprinzip in eine nur Millimeter starke Schicht gelegt wird – mit all den unvermeidlichen Schwierigkeiten im Anschluss an bestehende Bauteile wie Deckenbalken, einbindende Innenwände, Fenster –, entstehen in der Baupraxis gravierende Probleme. Das zeigen die Erfahrungen mit Dampfsperren im Altbau, die zwar theoretisch funktionieren, aber praktisch kaum ausführbar sind. Wie soll ein verdrehter, schiefer Deckenbalken mit Baumkante und tiefen Rissen auf Dauer exakt im Wanddurchbruch gedichtet werden? Was ist technisch machbar, was ist sinnvoll?

Alles oder Nichts: Das Niedrigenergiekonzept funktioniert nur als Gesamtsystem, eine Maßnahme bedingt die andere. Die starke Innendämmung erfordert die Luftdichtheit der Bauhülle, die wiederum erzwingt die Gebäudelüftung über eine technische Anlage. So etwas »geht« nur bei einer Komplettsanierung, doch der Normalfall im Altbau bedeutet Instandsetzung und schrittweise energetische Verbesserung. Im »normalen« Baualltag werden über lange Zeit bewährte, verlässliche und risikoarme Lösungen benötigt. Energie sparen heißt auch dauerhaft und schadensarm bauen.

Raumklima in historischen Gebäuden 7

Merkmale und Einflüsse 7.1

Die Lebensdauer eines Bauwerkes wird stark von den klimatischen Bedingungen des Standortes geprägt. Das Klima in einem Gebäude oder in einem Raum entsteht in der Wechselwirkung von Außenklima, Baukörper, Ausstattung, Nutzung und technischen Einrichtungen. Der physikalische Begriff Raumklima umfasst dabei die Gesamtheit der Einwirkungen von Wärme, Feuchte, Licht und Luft.

Fast jede Veränderung im und am Gebäude hat Einfluss auf das Raumklima, von Nutzungsänderungen, den baulichen Maßnahmen zur Bauteildämmung oder gegen aufsteigende Feuchte, dem Einsatz neuer Baumaterialien bis zum Einbau von Heizungen oder Klimaanlagen. Im Folgenden werden zunächst die Wirkungen von Außenklima, Bauhülle und Innenausbau erläutert, die für das Eigenklima eines Bauwerkes verantwortlich sind.

Außenklima

Das Klima kennzeichnet den langjährigen Zustand der einzelnen Klimagrößen einer bestimmten Region (Temperatur, Feuchte, Sonnenstrahlung, Niederschlag, Wind, Luftdruck usw.). Mit Wetter wird im Gegensatz dazu der aktuelle Ablauf bezeichnet. Die Lufttemperatur und der Feuchtegehalt der Außenluft unterliegen einer täglichen sowie einer jährlichen wellenförmigen Schwankung. Die jährlichen Periodengänge von Feuchte und Temperatur sind ebenso wie die tägliche Temperaturschwankung meist deutlich ausgeprägt. Die tägliche Schwankung des absoluten Feuchtegehaltes ist dagegen im Normalfall sehr gering. Zu den Klimakomponenten mit Einfluss auf das Raumklima zählt in vielen Fällen die Bewitterung der Fassaden und Dächer. Infolge mangelhafter Wasserführung und -ableitung können große Feuchtemengen in das Gebäude gelangen.

Bauhülle

Das Außenklima wirkt über die Gebäudehülle auf das Raumklima. Dabei muss zwischen massiven und transparenten Bauteilen sowie Undichtheiten wie etwa den Fensterfugen unterschieden werden. Eine unmittelbare Beeinflussung mit kurzfristigen Klimaschwankungen im Raum ist nur durch die Lüftung und die Sonneneinstrahlung möglich. So kann die direkte Besonnung über Fenster zu Lichtschäden durch die UV-Strahlung oder zu thermischen und thermohygrischen Spannungen führen.

Langfristig klimawirksam wirkt sich dagegen die für historische Gebäude typische massive Bauweise mit der entsprechend großen Wärmespeicherfähigkeit aus. Das dicke Mauerwerk, die schweren Gewölbe und Fußböden führen zu einem trägen Temperaturverhalten. Je geringer die Wetterlage über Lüftung und Einstrahlung einwirken kann und je schwerer die Bauhülle ist, um so stabiler und gleichmäßiger sind die Klimaverhältnisse im Inneren. Die jahreszeitliche Schwankung der Raumlufttemperatur eines unbeheizten Raumes folgt der Schwankung der Außenlufttemperatur daher nur stark gedämpft und zeitlich verzögert.

Von Bedeutung für das Feuchteverhalten ist ferner der Umstand, dass in alten Gebäuden in der Regel keine Abdichtungen gegen Erdfeuchte, im Boden versickerndes Niederschlagswasser oder Spritzwasser vorhanden sind. Keller, Sockel und aufgehendes Mauerwerk sind deshalb häufig stark durchfeuchtet.

Innenausbau

Ein weiteres klimaprägendes Merkmal ist die feuchteausgleichende Wirkung von Innenräumen mit sorptionsfähigen Bauteilen und diffusionsoffenen Beschichtungen. Bei kurzfristigen Feuchtebelastungen führen »Pufferflächen« wie etwa dampfdurchlässige Putze oder Holzbekleidungen zur Entschärfung der Feuchtespitzen. Das wertvolle Einzelobjekt wird durch die Verteilung der Feuchte weniger belastet.

Die sorptionsfähige Oberfläche eines Kirchengestühls kann deshalb mitunter schneller einen Feuchteausgleich bewirken als eine Klimaanlage. So gibt es, ähnlich dem akustischen Verhalten (Halligkeit!), große Unterschiede im Feuchteverhalten einer schlichten Kirche ohne nennenswerte Innenausstattung (zum Beispiel nach Brand) und einem üppig geschmückten Kirchenraum mit Kirchengestühl, Wandtäfelung, Schnitzwerk, Putz- und Stuckarbeiten. Große klimawirksame Gebäudemassen und innere Speicherflächen sind Garant für eine hohe Klimastabilität.

Feuchtequellen

Feuchteeintrag über die Hüllflächen

- aufsteigende Feuchtigkeit durch den Fußboden oder aufgehendes Mauerwerk
- Wanddurchfeuchtungen infolge Schlagregen, Spritzwasser oder schadhafter Dachentwässerung
- Baufeuchte nach Maurer- und Putzarbeiten, Estrich, Anstrich, Holzschutz usw.
- Diffusionsströme, sofern negatives Dampfdruckgefälle zu Nachbarräumen oder nach außen

Feuchteeintrag über Undichtigkeiten

- Luftwechsel, sofern die absolute Feuchtigkeit außen oder in angrenzenden Räumen höher als im Raum selbst ist

Feuchteeintrag durch interne Feuchtequellen

- Feuchteabgabe durch Personen, Bekleidung, Waschen, Kochen, Pflanzen, offene Wasserflächen, feuchte Reinigung, Desinfektion usw.

Feuchteeintrag durch instationären Feuchtetransport (Speicherung)

- Desorptionsvorgänge von zeitweise gebundener Feuchte an Oberflächen von Bauteilen

Tauwasser

Auf den Oberflächen im Raum soll auf Dauer kein Tauwasser ausfallen. Im Winter besteht Kondensationsgefahr vor allem an Fenstern, Fensterlaibungen, in Raumecken und im aufgehenden Mauerwerk beziehungsweise auf nicht unterkellerten Böden. Einfluss auf die Tauwassermenge haben neben Innen- und Außenklima auch die Art der Beheizung, die Durchlüftung sowie die Wärmedämmung und Wärmespeicherung der Bauhülle. Verunreinigungen der Raumluft und der Oberflächen verstärken die Gefahr, da die Feinstäube als Kondensationskerne für Feuchtigkeit dienen.

Ein bekanntes Phänomen der schweren Bauweise ist die »Sommerkondensation«. Aufgrund der Wärmespeicherung (in diesem Fall besser »Kältespeicherung«) der massiven Bauteile kann es bei Kontakt mit warmer feuchter Luft noch im Frühjahr und Sommer zu Tauwasser kommen.

Schädlingsbefall

Eine wesentliche Voraussetzung für ein ungehemmtes Schimmelwachstum ist die deutliche Unterschreitung des Taupunktes über einen Zeitraum von etwa drei Tagen. Pflanzliche Holzschädlinge sind bei Holzfeuchten oberhalb des Fasersättigungsbereiches von ca. 30 Masseprozent entwicklungsfähig. Holzzerstörende Pilze benötigen über 20 % Holzfeuchte, Schimmelpilze etwa 17 %. Dagegen können Hausbock- und Splintholzkäferlarven das Holz bei Holzfeuchten um 8 % befallen, was einer relativen Raumluftfeuchte von ca. 45 % entspricht. Um das Wachstum von Schimmel und Pilzen zu verhindern, sollte eine relative Luftfeuchte von 70 % nicht für längere Zeit überschritten werden. Haben sich die Pilzkulturen erst einmal entwickelt, genügen zum weiteren Bestehen weitaus geringere Feuchtewerte.

Zur Zerstörung organischer Materialien tragen direkt und indirekt weitere Mikroorganismen bei. So können Algen und Flechten durch ihr Wachstum ein Mikroklima von hoher Feuchtigkeit und somit günstige Voraussetzungen für die Entwicklung von Schädlingen schaffen.

Quell-/Schwindprozesse

Zwischen der Umgebungsfeuchte und der Materialfeuchte stellt sich langfristig ein Gleichgewicht ein. Schnelle Wechsel der relativen Luftfeuchte verursachen Beanspruchungen im Materialgefüge. Quell- und Schwindprozesse sind bei organischen Materialien wie Holz und bei Verbundmaterialien wie Holztafel mit Malschicht zu beachten. Kritisch sind

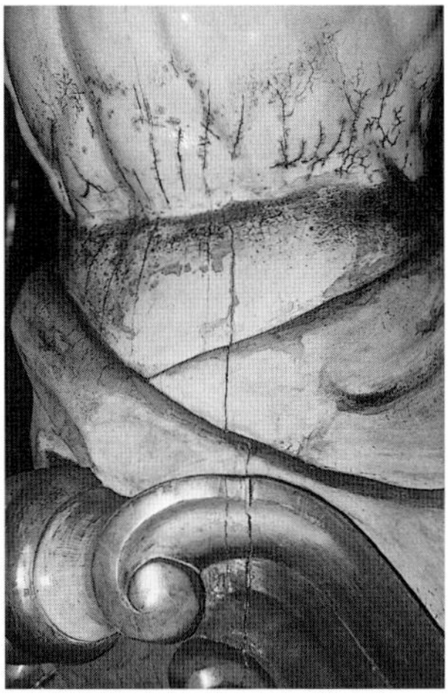

Riss in Holzfigur aufgrund starker Klimaschwankungen.

der Transport und die Umlagerung von Kunstobjekten. Wird etwa eine Skulptur von einer Kirche mit hoher relativer Luftfeuchte in ein Museum mit zwar sehr genau geregelter, aber niedrigerer Luftfeuchte verbracht, so kann sie reißen.

Im Allgemeinen sollten die Luftfeuchten zur Vermeidung von Trockenschäden nicht unter 45 % und von Quellvorgängen im Holz nicht über 65 % relativer Feuchte liegen. Zu beachten ist die Geschwindigkeit der Feuchteschwankungen. Für stärker dimensionierte Bauteile wie Konstruktionshölzer oder hölzerne Wandbekleidungen sind die Mittelwerte über Wochen und Monate entscheidend (Jahresschwankung), für feines Schnitzwerk oder Beschichtungen auf Holz sind dagegen kurzzeitige Schwankungen (Tagesschwankung) relevant und zu vermeiden.

Thermohygrische Belastungen

Aufgrund der Luftbewegung und der schnellen Dampfausbreitung in der Luft ist der Feuchtegehalt an jeder Stelle im Raum annähernd gleich. Jedoch kann die Verteilung der relativen Luftfeuchte entsprechend der Temperaturverteilung recht stark variieren. Vor allem an Materialoberflächen können sich eigene Klimabereiche bilden. So kann die schnelle örtliche Erwärmung durch Sonnenstrahlung beziehungsweise durch Aufheiz- und Abkühlvorgänge bei instationärer Beheizung zur raschen Absenkung der relativen Feuchte und zur partiellen Trocknung von Materialschichten führen. Die daraus entstehenden Gefügespannungen äußern sich an Schichtgrenzen unterschiedlicher Feuchteaktivität, etwa zwischen Malschicht und Untergrund. Langfristig droht der Verlust von Elastizität mit nachfolgenden Rissen und Abplatzungen.

Frostschäden

Starke Schäden entstehen, wenn Frost in durchfeuchtete Wandbereiche gelangt. In massiven Gebäuden traditioneller Bauart werden zwar auch ohne Beheizung nur selten Temperaturen unterhalb des Gefrierpunktes erreicht. Zur sicheren Vermeidung von Frostschäden ist dennoch eine Grundtemperierung zweckmäßig.

Salzschäden

Über die lange Standzeit der Bauwerke werden Salze aus dem Baugrund, aus Luftschadstoffen und den Baustoffen selbst mobilisiert. Die Salze konzentrieren sich dort, wo ihr »Transportmittel« Wasser verdunstet. Dies kann an der Oberfläche der Materialien sein, wenn die

Durchfeuchtung stark oder die Luftfeuchtigkeit hoch ist. Die »Verdunstungsebene« kann aber auch im Material unter der Oberfläche liegen. Jedes Salz hat eine ihm eigene Aktivitätsfeuchte: Unterhalb eines temperaturabhängigen Wertes der relativen Feuchtigkeit gibt das Salz Feuchtigkeit ab, oberhalb dieses Wertes nimmt es hygroskopisch Feuchtigkeit auf. »Reine Fälle« treten in der Baupraxis meist nicht auf, so dass die in den Baustoffen vorhandenen Salze wechselnd in Lösung gehen, wandern und wieder in neuer Zusammensetzung kristallisieren. Mit jeder Kristallisation und der dabei auftretenden Volumenvergrößerung werden Zerstörungen im Festkörpergerüst des Baustoffs verursacht.

Ist ein Baustoff stark versalzen, kann das zu einer ständigen Durchfeuchtung führen – auch dann noch, wenn eine Abdichtung gegen aufsteigende Feuchte ausgeführt wurde. Hier würde nur die Absenkung der relativen Raumluftfeuchte Abhilfe schaffen, wobei dann mit starken Salzausblühungen zu rechnen ist. Die Angabe von Klimarichtwerten ist ohne die genaue Analyse von Salzart, Verteilung und Herkunft nicht möglich.

Bilanzen entscheiden

Bei Bauherren und Planern ist nicht selten eine geradezu »panische Angst« vor dem »Taupunkt« spürbar. Grund dafür ist nicht zuletzt die Existenz eines einfachen Rechennachweises nach DIN 4108 »Wärmeschutz im Hochbau«. Dieses Sicherheit suggerierende Nachweisverfahren verführt zu der Annahme, dass ein Gebäude bauklimatisch funktioniert, sofern eine ordentliche Taupunktberechnung durchgeführt wurde. Die Feuchteprobleme durch Kondensat sollen hier nicht bagatellisiert werden. Im Gegenteil, viele Feuchteschäden, die der aufsteigenden Feuchte angelastet werden, etwa im Keller oder im aufgehenden Mauerwerk, sind in Wirklichkeit auf Oberflächenkondensat zurückzuführen. Aber nicht das kurzzeitig anfallende Tauwasser bringt den Schaden, sondern die fehlenden Trocknungsmöglichkeiten (Lüftung!). Auf die Feuchtebilanz kommt es an! So ist es in vielen alten Kirchen völlig normal, dass im Frühjahr der kalte Fußboden feucht wird und über einige Wochen die Algen wachsen. Sobald sich die Bauhülle ordentlich erwärmt hat, ist die Kirche wieder trocken.

Klimamessung und Analyse

Zur Pflege von historischen Gebäuden und wertvoller Ausstattung gehört die regelmäßige Überwachung wichtiger Raumklimawerte.

Geben routinemäßig erfasste Messwerte oder visuelle Beobachtungen von Schadensprozessen Anlass zur Besorgnis, ist es an der Zeit für eine fundierte Analyse der Klimazustände. In gleicher Weise muss die Planung von Nutzungsänderungen oder Umbaumaßnahmen auf der Grundlage einer bauklimatischen Untersuchung mit Prognosen zur Auswirkung der geplanten Maßnahmen erfolgen. Diese Untersuchung geht weit über die allgemein üblichen bauphysikalischen Nachweisleistungen hinaus, die lediglich zur Sicherung von Mindestforderungen dienen.

Einfache Klimabeobachtungen können durch den Nutzer selbst durchgeführt werden. Gebräuchlich ist der Einsatz von selbstschreibenden oder digital speichernden Geräten zur Registrierung von Temperatur und relativer Feuchte der Luft. Aussagefähige Werte sind nur bei regelmäßiger Kontrolle und Wartung der Geräte zu erreichen, wozu die Pflege und Kalibrierung und bei Thermohygrographen die Erneuerung der Messstreifen zählen. Bei mechanischen Geräten können kritische Kurzzeitschwankungen aufgrund der Trägheit der Sensorik nicht erfasst werden. Da Temperatur und Feuchte der Luft nur an einem Ort gemessen werden und wichtige Parameter wie Oberflächentemperaturen gänzlich fehlen, sind der freien Interpretation der Messergebnisse die Türen weit geöffnet. Im Zweifelsfall müssen Fachleute hinzugezogen werden.

Klimauntersuchungen sind keine rein messtechnische Aufgabe. Die wesentliche Arbeit entsteht nach einer Messung, wenn die umfangreiche Datenmenge aufbereitet und strukturiert werden muss, um praxisnahe Schadensanalysen und Lösungen zu erhalten. Die Klimauntersuchung umfasst gewöhnlich mindestens einjährige Messungen der wesentlichen Klimaparameter und begleitende Analysen der Materialfeuchte- und Salzkonzentrationen.

Anforderungen 7.3

Es ist sehr schwierig, das komplexe Klimaverhalten eines Gebäudes samt Ausstattung zu analysieren oder gar vorauszusagen. Empirisches Wissen von Restauratoren, das auf genauem Beobachten beruht, ist gleichrangig mit den Ergebnissen der Forschung zu betrachten. In der Praxis dominieren willkürliche Bewertungen von Klimaschäden mit unklaren Vorstellungen über adäquate Klimawerte. Dem Planer werden vom Restaurator mitunter sogar zu genaue Vorgaben gemacht. Übertriebene Erwartungen können leicht den Ausgangspunkt einer neuen Schadenskette bilden, die durch Anpassung von »gewachsenem Bestandsklima«

an »Idealwerte«, unangemessenen Technikeinsatz mit großer Störanfälligkeit und kosten- und energieintensives Ankämpfen gegen das »Eigenklima« des Objektes gekennzeichnet ist.

Prekär wird die Lage, wenn Kunstobjekte in historischen Gebäuden untergebracht sind, wie es in Museen, Schlössern und Bibliotheken häufig der Fall ist. Dann besitzen sowohl das Gebäude selbst, die Ausstattung, das Mobiliar als auch die Sammlungen hohen materiellen und kulturellen Wert. Der Anspruch auf Erhalt der Substanz umfasst alle Komponenten. Natürlich müssen bei der Festlegung der raumklimatischen Parameter auch die Bedürfnisse von Bewohnern, Besuchern und Mitarbeitern nach Behaglichkeit und Hygiene berücksichtigt werden.

Konservatorische Bemühungen zielen darauf ab, die natürliche Alterung der Objekte zu verzögern. Bedingt durch ungünstige Klimaeinflüsse unterliegen Sammlungsgut und Bausubstanz beschleunigtem Zerfall und häufigen Restaurierungszyklen. Die Klimaschäden reichen von direkten physikalischen Einwirkungen wie Bewitterung, Frost-Tau-Wechsel, Materialspannung, Riss- und Blasenbildung, den chemischen Korrosionen durch Luftschadstoffe bis hin zur allgemeinen Verschmutzung durch Staub, Ruß, Sporen. Ein wichtiges Ziel von Konservatoren und Restauratoren ist daher die Schaffung optimaler Umgebungsbedingungen. Oft wird in diesem Zusammenhang von präventiver Konservierung gesprochen, da durch die Vermeidung von Klimaschäden der langfristige Substanzerhalt sowie geringe Instandhaltungs- und Restaurierungskosten gesichert werden können. Hochinteressant sind hier die Erfahrungen aus dem modernen Archivbau. Unter Bezug auf das so genannte Kölner Modell werden die Vor- und Nachteile von Vollklimatisierung und natürlicher Klimatisierung diskutiert.[25]

Stellvertretend für alle anderen Fälle stehen im Folgenden einige Hinweise zu Museen in historischen Gebäuden.

Museumsklima

In der Museumspraxis ist das Streben nach einem Standardklima von ca. 18 °C und 55 ± 5 % relativer Feuchte gemäß den eingeführten internationalen Empfehlungen – wie etwa von ICOM[26] – weit verbreitet. Daraus ergaben sich in der Vergangenheit durchaus positive Effekte, indem das Bewusstsein für die Klimaprobleme gestärkt und schädliche Extremwerte mit Hilfe von Raumlufttechnik vermieden werden konnten. Negative oder sogar schädliche Wirkungen resultierten jedoch aus der unreflektierten Übertragung fester Kennwerte auf verschiedene Gebäude und Nutzungsintensitäten, auf unterschiedliche Klimaregionen und wechselnde Jahreszeiten. Erschwerend wirkt der Umstand, dass Museen häufig in repräsentativen Gebäuden alter Bauart untergebracht sind. Dort kann es, abhängig vom Heizungssystem, aufgrund der geringen Dämmung und der starken Speicherwirkung der Außenschale bei den empfohlenen relativen Feuchten im Winter und Frühjahr zu Kondensation kommen. Mögliche Folgen sind physikalische Spannungen und Verformungen bei wandnah hängenden Bildern und Objekten bis hin zu Schimmel- und Pilzwachstum sowie Insektenbefall. So kam es trotz oder auch infolge der Orientierung an »Idealwerten« zu umfangreichen Schäden am Sammlungsgut.

Erkenntnisse aus Forschungsvorhaben und Erfahrungswerte aus dem Museumsalltag zeigen folgende Tendenzen:

- Traditionelle Richtwerte müssen in Frage gestellt werden, im Museumsalltag gebräuchliche Festwerte und Schwankungsbreiten sind nicht überzeugend wissenschaftlich belegt.
- Fundierte Kenntnisse hinsichtlich des Verhaltens bei schwankender relativer Feuchte fehlen vor allem bei organischen Materialien.
- Schäden sind wahrscheinlich in größerem Ausmaß als bisher angenommen auch durch Kurzzeitschwankungen verursacht, Jahresschwankungen sind in bestimmten Grenzen zulässig.
- Elementare Voraussetzung für stabiles Raumklima ist die Reduzierung des Luftwechsels und der inneren Lasten durch Beleuchtung, Besucher usw.

Das Mikroklima direkt am Objekt bestimmt den Erhaltungszustand, das allgemeine Raumklima gibt nur Näherungswerte. Die Schäden an diesem alten Buch entstanden im Zusammenspiel von physikalischen und chemischen Umwelteinwirkungen.

- Niedrige Luftströmungsgeschwindigkeiten reduzieren eine Verschmutzung der Objektoberflächen.
- Klimaanforderungen gelten nicht für den Mittelwert der Raumluft, sondern müssen direkt am Kunstobjekt eingehalten werden.
- (Wärme)strahlung oder lokale Feuchtequellen können zu einem Mikroklima führen, das vom allgemeinen Raumklima abweicht. Ein freistehendes Messgerät kann völlig andere Bedingungen aufzeichnen, als am daneben befindlichen Exponat tatsächlich wirken.

Die aktuelle Entwicklung im Museumsalltag ist geprägt durch große Konzept- und Autorenausstellungen mit der Folge von ständigem Leihverkehr und dem Transport der Kunstwerke über große Entfernungen. Auch vor diesem Hintergrund kann für bewegliche Kunstgüter das »Idealklima« nur ein »Universalklima« sein, mit der Empfehlung von Toleranzbereichen statt fester Werte. In einer Informationsschrift des Fachinstituts Gebäude-Klima (FGK)[27] wird eine Zusammenstellung von Sollwerten, Schwankungsbreiten und Änderungsgeschwindigkeiten der relativen Luftfeuchte und der Lufttemperatur gegeben.

7.4 Methoden und Beispiele

7.4.1 Methoden zur Klimabeeinflussung

Heizung

Die Art und Weise der Heizung kann positive oder – bei falscher Auswahl des Systems und unangepasstem Betrieb – auch negative Auswirkungen auf den Erhalt von Exponaten und Bauwerken haben. In historischen Gebäuden, in denen früher gar nicht oder nur teilweise geheizt wurde, sind mit einem Heizungseinbau zwangsläufig vermehrte Beanspruchungen der Substanz verbunden. Nachfolgende Schäden resultieren jedoch selten aus der Heizung an sich, sondern vielmehr aus unangepasster Heizart und Heizweise. Das bedarfsgerechte Heizen oder Temperieren auf niedrigem Niveau wirkt sich grundsätzlich förderlich auf die Erhaltung der Bausubstanz und den Schutz wertvoller Ausstattung aus.

Temperierung

Unter einem »Temperiersystem« ist die Installation von Heizelementen auf oder in der Wand zum Zwecke der Raum- *und* Bauteilerwärmung zu verstehen. Im Gegensatz zur Heizung, deren Ziel die Erwärmung des

Raums ist, zielt die Temperierung als Bauteilheizung auch auf die Erwärmung der Bauhülle. Ein Temperiersystem besteht in der Regel aus Kupferrohren, die im Sockelbereich der Außenwände eingeputzt und mit Warmwasser durchströmt werden. Sofern die beheizten Wände eine ausreichende Wärmestrahlung erbringen, kann die Lufttemperatur im Raum niedriger als bei üblichen Heizkörpern liegen. Man erwartet sich von dieser Lösung sowohl behagliches und gesundes Raumklima als auch langfristig trockene und damit dauerhafte Außenwände. Tauwasser wird durch die erhöhte Oberflächentemperatur ausgeschlossen. Die Raumbeheizung erfolgt weitgehend ohne Aufheizung der Atemluft und Staubumwälzung. Konservatorisch vorteilhaft ist der minimale Regelungsaufwand ohne Kurzzeitschwankungen, sofern ein Gleiten des Raumklimas entsprechend den saisonalen Mittelwerten des Außenklimas akzeptiert wird. Den Bedarf an zeitweiser Befeuchtung beim Einsatz in Museen kann auch das Temperiersystem nicht verhindern.

Über Sinn oder Unsinn derartiger Anlagen herrschen in der Fachwelt völlig konträre Meinungen. Zwar bringen einige bereits ausgeführte Bauvorhaben anscheinend recht positive Ergebnisse, doch liegen weder fundierte Untersuchungen über die wärme- und feuchtetechnischen Auswirkungen noch über die Wirtschaftlichkeit dieser Maßnahme vor.

Lüftung

Lüften ist wichtig, lebenswichtig, jeder will gute Luft. Soweit herrscht Einigkeit, schwierig wird es im konkreten Fall. Denn was ist eigentlich gemeint? Geht es um die interne Luftzirkulation des Raums zur Vermeidung von Feuchteproblemen in »toten Ecken« oder um den Luftwechsel mit außen? Und was hat Priorität: Die Zufuhr von Sauerstoff und die Abfuhr von Feuchte und Verunreinigungen zum Wohle des Menschen oder das Fernhalten von äußeren Belastungen aus Klima, Staub und Schadstoffemissionen zum Schutz von Bauwerk und Ausstattung?

Zunächst heißt es wieder einmal, sich am Bestand zu orientieren. Richtwerte für den natürlichen Luftwechsel in monumentalen Gebäuden alter Bauart wurden bisher kaum ermittelt. Je nach Lage, Bauart, Zustand und Nutzung ergibt sich für den stündlichen Luftwechsel eine Spanne von weniger als $0{,}5 h^{-1}$ bis zeitweise über $2 h^{-1}$. Die Höhe des Luftwechsels ist neben der Qualität der Bauhülle (Fugen) auch von der inneren Baugliederung abhängig. Ein Großraum wie eine Kirche bietet weniger Strömungswiderstand und damit stärkere Querlüftung und Schachtlüftung als kleine getrennte Einheiten. Die bereits in Kapitel 6.3

geforderte nutzerunabhängige Grundlüftung ist in den hier betrachteten historischen Monumentalbauten im Normalfall immer gegeben.

Geringe oder starke Durchlüftung können sowohl positive als auch negative Auswirkungen auf das Raumklima haben. Geringer Luftwechsel ist zu fordern bei großer Trockenheit oder Feuchte der Außenluft ebenso wie bei starken Klimaschwankungen oder bei starker Verschmutzung. In beheizten Gebäuden muss die Durchlüftung im Winter gering gehalten werden, damit die Raumluftfeuchte nicht zu stark absinkt und die Heizkosten im Rahmen bleiben. Das Risiko für Ausstattung und Raumschale nimmt in der Heizperiode mit steigendem Luftwechsel zu. Das für den Winter charakteristische Ansteigen von thermischen Kräften und Windbelastung erhöht die Gefahr. Eine höhere Durchlüftung ist dagegen zu fordern, wenn innerhalb des Gebäudes starke Wärme- und Feuchtequellen bestehen oder Baufeuchte und Schadstoffe nach Baumaßnahmen oder Schädlingsbekämpfung entweichen müssen.

Die für den Wohnungsbau geforderten Luftwechselraten beruhen auf der hygienisch notwendigen Lufterneuerung für die ständige Anwesenheit von Personen. Konservatorisch sinnvolles Lüftungsverhalten ist flexibler. Vorteilhaft ist dabei die feuchteabhängige Steuerung des Luftwechsels unter Berücksichtigung der absoluten Luftfeuchte innen und außen. So kann entsprechend der Feuchtedifferenz gezielt be- und entfeuchtet werden. Die Feuchtemessung ist nötig, da gut gemeintes, aber physikalisch falsches Verhalten schnell das Gegenteil bewirken kann. So führt das weit verbreitete Öffnen der Kirchentüren an den ersten warmen Frühlingstagen zum Einströmen warmfeuchter Luft, die auf den noch winterkalten Innenoberflächen erhebliche Mengen an Tauwasser freisetzen kann.

Wärmedämmung

Die Verbesserung des baulichen Wärmeschutzes führt im Fall einer instationären Beheizung und großer Speichermassen nicht immer zu der erhofften Energieeinsparung. Um Heizenergie zu sparen und die Behaglichkeit zu erhöhen, können Bekleidungen an den Rauminnenseiten wirkungsvoller sein. Aus konservatorischen Gründen kann durch gezielte Wärmedämmung der Bauhülle der Ausfall von Tauwasser auf Bauteiloberflächen vermindert und die Aktivität von Salzen, der klimaabhängige Wechsel von Lösung und Kristall, eingeschränkt werden.

Be- und Entfeuchtung

Eine zentrale oder örtliche Luftbefeuchtung ist nur in Einzelfällen oder zeitweise angemessen. Sie ist stets mit Tauwassergefahr an den kälteren Bereichen der Raumschale verbunden. Die technische Entfeuchtung ist ebenfalls keine dauerhaft sinnvolle Lösung. Zur Bewältigung von zeitweilig hohen Feuchtebelastungen in Räumen kann die Entfeuchtung freilich notwendig sein. Eine Absenkung der relativen Luftfeuchte ist hinsichtlich des Energieaufwands natürlich effektiver durch eine Temperaturerhöhung zu erreichen.

Die Be- oder Entfeuchtung der Raumluft erfolgt in zentralen Klimaanlagen oder in mobilen Klimageräten. An die Kontrolle und Wartung der gesamten Leitungsnetze und insbesondere der Befeuchter sind höchste Ansprüche zu stellen, damit keine mikrobielle Verunreinigung der Raumluft durch den Eintrag von Pilzsporen oder pilzähnlichen Bakterien aus der Anlage erfolgt. Zu beachten ist die VDI-Richtlinie 6022 »Lüftung in Büro- und Versammlungsstätten«.

Klimatisierung

Wenn genaue raumklimatische Vorgaben einzuhalten sind, etwa in Museen, werden überwiegend konventionelle Vollklimaanlagen eingesetzt. Unter Klimatisierung wird dann die zentrale Konditionierung der Raumluft durch Filtern, Erwärmen, Kühlen, Be- und Entfeuchten verstanden. Mit derartig kompakten Systemen ist nicht immer eine befriedigende Anpassung an die konkrete örtliche Situation möglich. Darüber hinaus liegt im hohen Wartungsaufwand und der technischen Störanfälligkeit der Anlagen mit einer Vielzahl mechanisch beanspruchter Teile ein großes Schadenspotential, nicht nur in konservatorischer, sondern auch in hygienischer Hinsicht. In Baudenkmälern mit differenzierten Klimaanforderungen ist es meist günstiger, ausgehend von einer Grundtemperierung, eine raumweise oder objektweise angepasste Klimatisierung vorzusehen. Die Möglichkeiten zur Ausnutzung des Gebäudeeigenklimas mit Lastbegrenzung durch Speicher- und Sorptionsmassen sowie bedarfsgeführte Lüftung müssen berücksichtigt werden.

Klimaanlagen pendeln um einen Sollwert der Raumluft. Klimastörungen werden erst erfasst, wenn sie bereits Wirkung zeigen, dann kommt die Reaktion der Anlage, dann die Auswirkung im Raum, dann die Gegenreaktion der Anlage. So funktioniert Regeltechnik und so entstehen Regelzacken. Das ist im Prinzip nicht zu verhindern, das Ausmaß der Kurzzeitschwankungen kann gleichwohl reduziert werden.

Ein träges Verhalten erreicht man durch kleine Anlagentechnik, strikte Aufgabenteilung von Heizung und Lüftung sowie durch die Trennung von Kühlung und Ent-/Befeuchtung. Kleine Anlagen reagieren träge gegenüber auftretenden Störungen des Raumklimas und können glatter ausregeln, wobei aber die Abweichungen vom Sollwert länger andauern und absolut größer sind.

Neue Techniken wie durch Frequenzumformer gesteuerte Ventilatoren sind anpassungsfähig an variable Lastfälle und ermöglichen schnelleres und flexibleres Reagieren. Die Luftumwälzung und Regelschwankung, ein genereller Systemnachteil von Klimaanlagen, treten bei Verwendung des Quellluftsystems aufgrund der geringen Geschwindigkeiten nicht so ausgeprägt in Erscheinung. Ein weiterer Vorteil gegenüber den Deckenzuluftsystemen ist die formal recht flexible Integration der Luftauslässe. Von Nachteil ist der hohe Platzbedarf im Wandbereich. Bei Vorhandensein von Nischen bietet sich der Einsatz an.

Natürlich wird es immer Fälle geben, in denen der Einsatz einer Klimaanlage sinnvoll und notwendig ist. Aber vor der Dimensionierung von Lüfter und Kältemaschine sollten zunächst alle anderen Mittel zur Beschränkung der Lasten ausgeschöpft werden. Der Normalfall: In einem alten Saal mit reicher Innendekoration sollen Konzerte stattfinden. Für den Klimaingenieur ist die Sache klar: Wie groß ist der Raum? Welche Lasten entstehen durch Fenster, Bauhülle und vor allem durch Besucher und Beleuchtung? Welche Kühllast errechnet sich? Welche Temperaturdifferenzen sind zulässig, welche Luftvolumenströme ergeben sich? Dann kommt die Abstimmung mit Architekt und Denkmalpfleger. Und es kommen die Fragen: Wohin mit dem Zentralgerät und vor allem, wohin mit den großen Kanälen und Luftauslässen für Ab- und Zuluft?

Sinnvollerweise sollte die Kooperation früher beginnen. Sollte ein Bauklimatiker beauftragt werden mit der Bestimmung der realen Lasten unter instationären Verhältnissen, also unter Berücksichtigung der Wärmespeicherung und Feuchtesorption des Raumes; sollten frühzeitig die technischen Konsequenzen (Kanalgröße usw.) veranschaulicht werden, die sich aus alternativen Nutzungskonzeptionen ergeben. Dann muss über die technische Ausführung und formale Integration der Anlage diskutiert werden. Und hier wird es sicher schwierig, auch und gerade für den Haustechniker. Da das Platzangebot beschränkt ist und ästhetische Ansprüche bestehen, sind Sonderlösungen etwa für die Luftauslässe nötig. Im Fall des Konzertsaals blieben nur wenige Zentimeter Platz oberhalb der gewölbten Vouten an der Decke.

Sollen Klimaanlagen in alte Gebäude, ist der Dachraum häufig die einzige Möglichkeit. Aufgrund der technischen und bauklimatischen Schwierigkeiten sollte diese Lösung trotzdem die Ausnahme bleiben.

Nun sind die Auslegungsunterlagen der Hersteller hinsichtlich der sich einstellenden Druckverluste und Raumströmungen kaum noch geeignet. Der Ingenieur muss sich trotzdem Klarheit über das Strömungsverhalten verschaffen, um Planungssicherheit zu erlangen. Hier helfen eigene fachübergreifende Kenntnisse und wiederum die Kooperation mit Spezialisten. Hinweise auf die Raumströmung können Messungen vor Ort, Modellversuche oder zunehmend die Simulation mit numerischen Rechenverfahren bieten.

Die Betriebskosten von klimatisierten Gebäuden können immens hoch ausfallen. Energie- und Wartungskosten von über einer Million DM im Jahr sind bei großen Museen die Regel. Der hohe Energiebedarf ist häufig auf überdimensionierte Anlagen und schlechte Regelung zurückzuführen. Allein die Sanierung der vielen Altanlagen aus den sechziger, siebziger und achtziger Jahren ist ein riesiges Bedarfsfeld, das hier nicht annähernd dargestellt werden kann.

7.4.2 Gebäude mit zeitweiser Heizung

Monumentale historische Gebäude, wie Kirchen, Schlösser und Burgen, werden in vielen Fällen nur eingeschränkt genutzt. Das ist einerseits von Vorteil, da hinsichtlich der technischen Ausrüstung nicht die gleichen Anforderungen wie in Wohngebäuden zu stellen sind. Andererseits ergeben sich durch die wechselhafte Frequentierung stark schwankende Feuchte- und Wärmebelastungen. Ein typischer Fall ist die zeitweise Nutzung einer ansonsten leerstehenden Kirche zu Gottesdiensten oder Konzertveranstaltungen. Können schädliche Auswirkungen des Besucherverkehrs nicht durch bauliche oder anlagentechnische Maßnahmen kompensiert werden, bleibt bei wertvollen Baudenkmälern als Ausweg nur die Einschränkung der Nutzung.

Kirche

Ungeeignete, schlecht geregelte und mangelhaft gewartete Heizungsanlagen führten in den letzten vierzig Jahren zu größeren Schäden als in den Jahrhunderten der unbeheizten Nutzung zuvor. Und auch heute gilt: Das ideale Heizsystem für alte Kirchen gibt es nicht. Dazu sind die jeweiligen Anforderungen zu verschieden und dazu treten die Vorzüge und Nachteile der einzelnen Heizsysteme zu individuell in Erscheinung. Neben den verschiedenen Bauweisen und Expositionen sind die unterschiedliche Ausstattung und natürlich die stark divergierende Nutzung zu beachten. Elementare Voraussetzung zur Auswahl eines Systems und zur Planung der Parameter sind die Kenntnis von Geometrie und Baukörper, Feuchtebilanz, Luftwechsel, Anforderungen aus Nutzung, denkmalpflegerischer und restauratorischer Zielsetzung. Vor allem der natürliche Luftwechsel, der von der jeweiligen Geometrie, Bauausführung und der Exposition abhängt, muss stark beachtet werden. Hier fehlen Erfahrungswerte und systematische Untersuchungen. Alte Methoden zur Regulierung der Kirchenlüftung, wie etwa über saisonal zu öffnende und zu schließende Gewölbeöffnungen, sind weitgehend in Vergessenheit geraten.

Merkmale von Kirchen »alter Bauart« sind:

- Einzelgebäude in exponierter Lage
- überwiegend massive Bauhülle, Mauerwerk, Gewölbe mit feuchte- und wärmespeichernder Masse, mitunter aber auch Leichtbauten (Fachwerkkirchen)
- speicherwirksamer Innenausbau (Pfeiler, Emporen, Einbauten, Gestühl, Ausstattung)

Aus Holz gefertigte Verschlusspropfen und Führungshülsen für Öffnungen in der Balkendecke einer Kirche. Ähnliche Lösungen gibt es für Gewölbedecken.

Die Regelung des Luftwechsels erfolgte wahrscheinlich durch jahreszeitliches Öffnen und Schließen.

- hohe Räume, große unregelmäßig verteilte Fensterflächen
- massiver Steinboden, teilweise mit Krypta oder Grüften unterbaut
- hohe Fugendurchlässigkeit der Türen und Fenster
- kunsthistorisch wertvolle Ausstattung (Altar, Bildwerke, Figuren, Orgel usw.)

Heizungssysteme

Die Warmluft-Kanalheizung ist traditionell das mit Abstand am häufigsten eingesetzte System. Das einwandfreie Funktionieren einer derartigen Anlage setzt voraus, dass die Ausblasströme sich rasch mit der Raumluft vermischen. Vorteilhaft ist die gute Regelbarkeit, wenn eine ausreichende Anzahl von Luftauslässen vorhanden ist. Nachteile ergeben sich durch die starke Luftbewegung mit daraus folgender Verschmutzung der Raumschale, durch Geräuschentwicklung im Lüfter und Kanalnetz sowie durch das energetisch uneffektive Aufheizen der oberen Raumbereiche. Die Verschmutzung der Oberflächen erfolgt bei guter Planung allerdings recht gleichmäßig und ist dann kaum wahrnehmbar. Obwohl eine optimierte Regeltechnik entwickelt wurde, bleiben systembedingte Nachteile in der Diskrepanz zwischen Raumhülle und Raumluft.

Soll die Heizung in den Boden, ist schweres Gerät nötig.

Tendenziell positive Erfahrungen wurden in den letzten Jahren mit »Temperiersystemen« gemacht, bei denen Heizrohre direkt im Sockelbereich der Wand verlegt werden. Allerdings bestehen Bedenken hinsichtlich des Eingriffs in die Bausubstanz und einer zu starken Austrockung der Raumschale. Gegen die Installation einer Fußbodenheizung sprechen die hohen Kosten, der bauliche Aufwand und denkmalpflegerische Aspekte.

Heute kommen meist kombinierte Systeme aus Warmluftheizung, Bankstrahler und Fensternischenheizung oder Wand-/Sockeltemperierung und Bankstrahler zum Einsatz. So können Grundtemperieren und bedarfsweises »Hochheizen« realisiert werden. Allerdings gilt: Je mehr Komponenten, um so komplexer und anfälliger wird die Technik und dementsprechend schwieriger die Regelung, ebenso steigt der Aufwand für Instandhaltung und Wartung. Aufwendige Regeltechnik allein garantiert keine Langzeit-Idealwerte.

Grundtemperatur und Aufheiztemperatur

Eine Grundheizung ist erforderlich zur Reduzierung von thermohygrischen Spannungen und Zugerscheinungen beim Hochheizen beziehungsweise während der Nutzung sowie um Kondensationsprobleme zu vermeiden. Gebäude schwerer Bauart benötigen zur Vermeidung der Sommerkondensation mitunter auch außerhalb der eigentlichen Heizperiode eine gewisse Grundheizung. Für Kirchen sind Raumlufttemperaturen zwischen 5 °C und 12 ° in der Heizperiode als Grundtemperatur zu empfehlen. Je höher die Grundtemperatur, um so ausgeprägter sind die jahreszeitlichen Schwankungen von Temperatur und relativer Feuchte und umso geringer die kurzzeitigen Schwankungen während der Nutzung. Die Aufheiztemperaturen sollten bei maximal 5 Grad über der Grundtemperatur liegen.

Aufheizgeschwindigkeit

Was günstiger ist, schnelles oder langsames Hochheizen, darüber streiten selbst Fachleute. Sowohl langsames als auch schnelles Aufheizen kann zu thermohygrischen Beanspruchungen führen. Langsames Aufheizen ergibt höhere Temperaturmittelwerte und verstärkt dadurch die langfristigen Feuchteschwankungen. Schnelles Aufheizen verschärft die kurzfristigen Schwankungen und erhöht die Beanspruchung von sorptionsfähigen Oberflächenschichten.

Demzufolge entscheidet wiederum die konkrete Situation. Eine schlichte Kirche ohne aufwendige Ausstattung kann für schnelles Hochheizen eher geeignet sein. Für kurze Aufheizzeiten spricht auch der geringere Energieeinsatz. Die hohen Luftströmungen haben allerdings stärkere Staubaufwirbelungen und Verschmutzungen zur Folge.

Im Normalfall in Räumen mit filigranen »klimasensiblen« Kunstobjekten sind geringe Aufheizgeschwindigkeiten von circa 1 Grad je Stunde angemessen. Zwar sind beim Aufheizvorgang aufgrund der Trägheit der Feuchteaufnahme- und Transportvorgänge keine klaffenden Risse in Holzausstattungen oder gar Salzausblühungen zu erwarten. Aber in den oberflächennahen Schichtgrenzen von Farbfassungen, im Verbund von Pigmenten, Bindemittel und Untergrund, können selbst kleinste Feuchteschwankungen zu kritischen Spannungen und Ablösungen führen.

Während der zeitweiligen Nutzung zu Gottesdiensten oder Konzerten bleibt die relative Luftfeuchte dann weitgehend konstant, da parallel mit der Temperaturerhöhung ein Anstieg der absoluten Luftfeuchte durch die Besucher erfolgt. An Bauteiloberflächen, die nicht genügend schnell erwärmt werden, kann dabei trotzdem Tauwasser auftreten.

Die Aufheizgeschwindigkeit ist natürlich vom jeweiligen Heiz- und Regelsystem abhängig. Die folgenden Abbildungen zeigen die Verhält-

Luftauslass einer Warmluftheizung direkt vor mittelalterlicher Wandmalerei. Die Jacke des Küsters fliegt in die Höhe.

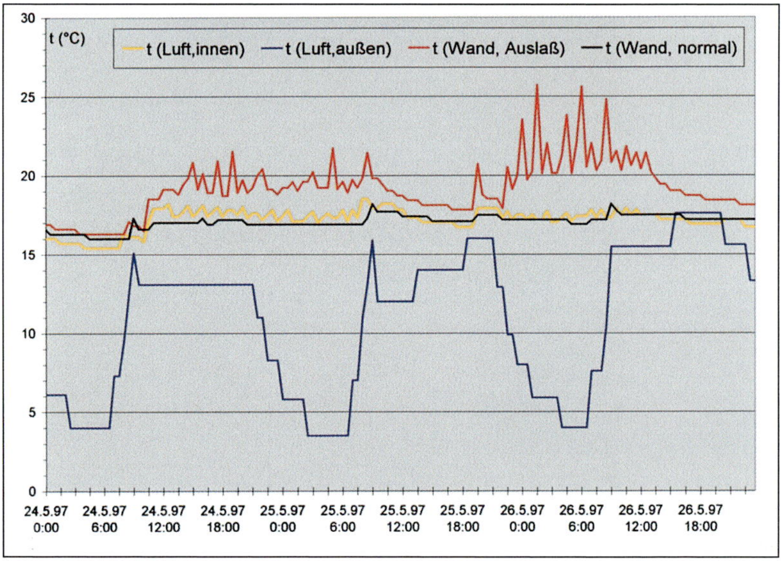

Klimamessung: Deutlich stärkere Schwankungen und erhöhte Temperaturen am Fühler über dem Luftauslass.

nisse in einer kleinen Kirche mit einer Warmluftkanalheizung aus den siebziger Jahren und einer später ergänzten modernen Regeltechnik. Wie deutlich sichtbar wird, ist die Luftgeschwindigkeit am Ausblasgitter zu hoch. Die Vorgabe einer maximal zulässigen Aufheizgeschwindigkeit von 1 Grad je Stunde, wie in diesem Fall regeltechnisch vorgesehen, führt zu einem ständigen An- und Ausschalten des Gebläses, wodurch starke Kurzzeitschwankungen entstehen.

Feuchteregelung

Die Regelung der Heizung sollte vorrangig in Abhängigkeit von der Raumluftfeuchte erfolgen. Winterliche und sommerliche Grenzwerte der relativen Luftfeuchte dienen als Führungsgröße für die Heizungsregelung. Dadurch werden Kurzzeitschwankungen der relativen Luftfeuchte begrenzt. Im Winter wird bei Unterschreiten einer Mindestluftfeuchte von etwa 45 % das Aufheizen unterbrochen. Im Frühjahr und Sommer können Feuchtespitzen über 75 % durch Zuheizen entschärft werden. Die Gefahr der Sommerkondensation auf kalten Bauteiloberflächen ist durch gelegentliches Heizen nicht gänzlich zu bannen.

Befeuchterschale im Auslass einer Warmluftheizung mit hochgeklapptem Gitterrost. Diese Befeuchtungsmethode ist raumklimatisch und hygienisch bedenklich.

Eine Befeuchtung der Raumluft ist in Kirchen nur in seltenen Fällen sinnvoll. Der Einfluss auf die Raumluftfeuchte durch das verdunstende Wasser ist in derart massiven und stark durchlüfteten Gebäuden gering, darüber hinaus besteht die Gefahr der Verunreinigung von Raumluft und Oberflächen durch Mikroorganismen, Schimmelpilze und Bakterien. Durch die Befeuchtung der Zuluft im Winter und im Frühjahr kommt es mit Sicherheit zur Kondensation von Luftfeuchte an den Fenstern und Außenwänden. Kritisch sind Zeiträume, in denen die warme, feuchte Luft über den Auslässen auf die noch kalte Außenwand trifft. Das Oberflächenkondensat kann außer zu Schimmelbefall auch zur verstärkten Absorption von Staub aus der Raumluft führen.

Luftströmung

Abhängig vom natürlichen Luftwechsel und der Temperaturverteilung in der Kirche ergeben sich individuelle Strömungsverhältnisse. Eine Vorhersage ist sehr schwierig. Klimamessungen und Versuche mit Kaltrauch oder Nebel können Hinweise geben. Wenige, ungünstig platzierte Heizquellen mit großer Leistung erhöhen die Luftbewegung und damit die Staubumwälzung. In unbeheizten Kirchen stellt sich dagegen eine relativ gleichmäßige ungestörte Schichtung ein. Thermischer Auftrieb kann sich in Zentralkirchen mit großer Kuppel über der Vierung eher entwickeln als in flachen langgestreckten Hallenkirchen. Zur Verringerung der Querlüftung kann ein einfacher Windfang durch eine Doppeltür bereits deutliche Verbesserungen bringen.

Wärmebedarf

Bei der Bestimmung des Wärmebedarfs werden je nach Betriebsart der Kirchenheizung drei verschiedene Zustände hinsichtlich der Wärmeverluste unterschieden

1. Kurzzeitheizung als instationärer Betrieb
2. Dauerheizung als stationärer Betrieb
3. Kombination von Grundheizung und Zusatzheizung als »abgeschwächter« instationärer Betrieb.

Heute entscheidet man sich aus energetischen und konservatorischen Gründen fast ausschließlich für die bereits erläuterte Variante 3. Die jährliche Nutzung von Kirchen liegt im Bereich von etwa 300 bis 500 Stunden (Brennervolllaststunden). Die Auslegung der Heizanlage sollte nicht nach den (Extrem-)Außentemperaturen der DIN 4701 »Regeln für Berechnung des Wärmebedarfs von Gebäuden«, sondern möglichst nach den realen Klimadaten vor Ort erfolgen. Dadurch kann die installierte Nennleistung der Anlagen reduziert werden. Ein überdimensionierter Wärmeerzeuger ist nicht nur unwirtschaftlich, sondern verführt den Nutzer auch zu bauklimatisch unzulässig schnellem Aufheizen. Von Mitte Januar bis Ende Februar treten in unseren Breiten die tiefsten Außentemperaturen in Verbindung mit sehr trockener Luft auf. Um die Beanspruchung des Kirchenraums zu verringern und Heizenergie zu sparen, ist die Einrichtung einer Winterkirche in einem Vorraum oder im Gemeindehaus für diesen Zeitraum eine sinnvolle Lösung.

Beispiel: Katholische Pfarrkirche St. Andreas, Düsseldorf

Das Gebäude wurde 1629 errichtet und nach dem Kriege wieder aufgebaut. Die Kirche ist als dreischiffige kreuzrippengewölbte Emporenhalle zu fünf Jochen ausgebildet. Der Innenraum ist mit weiß-goldener Stuckdekoration reich verziert. Die Oberflächen im Kirchenraum waren sehr stark geschwärzt, die Stukkaturen vielfach durch Korrosion der Stucksicherungen in großem Umfang gesprengt. An vielen Stellen faulte und sandete die Oberfläche der Stukkaturen.

Die alte Heizzentrale war abgängig und musste erneuert werden. Im Zuge dieser Maßnahmen wurde der Schornstein saniert, der Brennstoff

Blick in ein Seitenschiff.

von Heizöl auf Erdgas umgestellt. Die Oberflächenschwärzung war hauptsächlich auf den desolaten Zustand der Luftkanäle zurückzuführen. Die verrotteten Kanaloberflächen wurden von der Luftströmung abgetragen und in den Kirchenraum befördert. Dort führte der abgelagerte Abrieb zu der augenfälligen Verschmutzung. Die Schwärzung wurde durch die massive Staubadhäsion als Folge der Taupunktunterschreitung sowie durch den erheblichen Rußeintrag über Opferkerzen verursacht.

Die Korrosion der Stucksicherungen in Form von Eisendrahtgeflechten, Eisenstäben und Nägeln war nicht nur auf das eingedrungene Regenwasser zurückzuführen. Das hygroskopische Stuckmaterial wurde durch die ausgeprägten Sorptionseigenschaften (bis zu 10 Volumenprozent bei einer relativen Luftfeuchte von 80 %) der verwendeten Baustoffe sehr stark beeinflusst. Darüber hinaus führte eine mehrfache Oberflächenbehandlung zu einer quasi dampfdichten Oberfläche (Versinterung), die ein Austrocknen der aufgenommenen Kondensatmenge verhinderte. Eine positive Feuchtebilanz konnte sich nicht mehr einstellen, da durch Risse und Fehlstellen langfristig Feuchte eindringen konnte, aber wegen der dichten Oberfläche keine großflächige Feuchteabgabe mehr erfolgen konnte. Der hohe Wassergehalt führte in Verbindung mit dem vornehmlich genutzten kohlensauren Kalk (Calcium-Oxid) zur Korrosion der metallischen Befestigungselemente. Das Korrosionsprodukt FeO_3 sprengte die umgebenden Stuckteile. Die Feuchte führte als Folge der Materialfäulnis zum Absanden.

Somit hatten die Schäden primär raumklimatische Ursachen, die durch eine ausschließliche Erneuerung der Heizungsanlage nicht behoben werden konnten. Daher wurde empfohlen, die gesamte Innenoberfläche gleichmäßig und feuchteabhängig zu temperieren und zu belüften, um so weit wie möglich zukünftige Oberflächenkondensationen zu vermeiden. Die Möglichkeit einer verstärkten natürlichen Querlüftung über feuchteabhängig gesteuerte Fensterflächen oder über Gewölbeöffnungen wurden ebenfalls untersucht. Um weitere Schwärzungen des Kirchenraumes durch Rußpartikel auszuschließen, wurde geplant, die Opferkerzen konzentriert einer Außenwand zuzuordnen, um den Rauch mit einer transparenten Esse zu sammeln und nach außen abzuleiten. Ferner sollte sichergestellt werden, dass möglichst wenig feuchte Außenluft in den Kirchenraum gelangt. So wäre bei geöffneten Eingangstüren wegen des Auftriebs eine Sogwirkung zu erwarten, die große Mengen an Außenluft in den Kirchenraum fördert. Dies würde bei extremen Witterungsverhältnissen (bezüglich der Luftfeuchte) die vorgeschriebene

Einhausung über der Baustelle, um Staubverteilung zu vermeiden.

In den Boden eingelassene Wärmestation mit Warmwasserleitung.

Regelung und damit die Einhaltung der angestrebten Raumluftkondition außerordentlich erschweren. Aus diesem Grund sollte auch ein Windfang geschaffen werden, damit der Zugang in den Kirchenraum nur noch abgewinkelt erfolgen kann. Da die St.-Andreas-Kirche inzwischen eine Touristenattraktion in der Düsseldorfer Altstadt darstellt, ist auch der erhebliche Eintrag von Straßenstaub zu unterbinden. Hierzu sollten im Windfang entsprechende Fußabstreifvorrichtungen vorgesehen werden, die nicht umgangen werden können. Dem Nutzer wurde eine regelmäßige Reinigung empfohlen, zweimal wöchentlich Staubsaugen, keinesfalls Fegen oder nass Wischen.

Da die Innenraumoberflächen oberhalb der Emporen sowie im erweiterten Eingangsbereich nur unzureichend beheizt werden konnten, wurden eine Ergänzung des Warmluftkanalnetzes sowie die zusätzliche Installation von zwei Wärmestationen vorgesehen. Da die neuen Wärmestationen mit Warmwasser betrieben werden, musste eine kombinierte Heizzentrale konzipiert werden. Zusätzlich zur bisherigen Warmlufterzeugung musste für das Kirchenschiff auch ausreichend Warmwasser zur Versorgung der Heizstationen zur Verfügung gestellt werden. Die vorhandenen Luftkanäle wurden wieder hergerichtet. Ein ergänzender Abzweig für die Zuluft im Mittelschiff wurde wie die Heizleitungstrassen der Wärmestationen überwiegend unter den Holzpodesten der Sitzbankreihen geführt. Die Ausschachtungsarbeiten für die Kanalergänzung, für die beiden Wärmestationen sowie die Trassen mussten eingehaust durchgeführt werden, damit sich kein Staub auf die bereits fertiggestellten Stuckoberflächen legen konnte.

Die Heizleitungen zu den Wärmestationen bestehen aus vorisolierten, flexiblen Rohren, die für eine direkte Erdverlegung geeignet sind und, von der Zentrale abgehend, teilweise im Umluftkanal geführt werden. Die Wärmestationen wurden unterhalb des Fußbodens in Leistung, Anzahl und Raumplatzierung so gestellt, dass eine gute Raumdurchspülung gewährleistet ist. Die Leistungsanpassung erfolgt wärmebedarfslastabhängig und die Aufheizvorgänge werden so geregelt, dass es weder zu Oberflächenspannungen in den Werkstoffen, großen Dimensionsänderungen oder zu Taupunktunterschreitungen an den Innenwandoberflächen kommt. Die Erfassung der Ist-Temperatur zur Steuerung und Regelung der Warmluftstationen kann auch über mehrere Raumluftfühler zu einer Mittelwertbildung zusammengefasst oder zonenweise direkt einer Heizstation zugeordnet werden. Die Dauer der Aufheizphase wie auch die Aufheizgeschwindigkeit können individuell auf den Raum und seine Ausstattung abgestimmt werden. Die Nebenräume werden über einen separaten Heizkreis über Heizkörper temperiert.

7.4.3 Gebäude ohne Heizung

Traditionell waren in der Mehrzahl der historischen Burgen, Schlösser, Klöster und Kirchen nur kleine Bereiche zum behaglichen Aufenthalt und zur Beheizung vorgesehen. Hinzu kommen völlig unbeheizte Jagdschlösser oder Gartenpavillons, die seit ehedem nur im Sommer genutzt wurden. Sollten in diesen Gebäuden noch historische Heizanlagen in Form alter Kamine und Öfen bestehen, sind sie heute überwiegend nicht mehr funktionsfähig oder nicht mehr gebräuchlich. Sofern keine neue Nutzung vorliegt, sind viele historische Monumentalbauten auch heute noch ohne feste Heizmöglichkeit.

Ungeachtet dieser Tatsache bieten sie nicht selten die passende Hülle für hochwertige Ausstattungen und Mobiliare sowie kostbare Sammlungen. Als ein Beispiel sollen die für barocke Klosteranlagen typischen prächtigen Bibliotheksräume dienen, die mit ihren wertvollen Beständen fast ausnahmslos ohne jede Heizung/Klimatisierung bis heute überdauert haben. Die bauklimatische Charakteristik der alten Bauweise mit der Dämpfung von Klimalasten schafft gute Bedingungen für langfristigen Erhalt auch ohne Beheizung. Verfall droht, wenn Leerstand und unterlassene Instandhaltung zu fortschreitenden Schäden an Dachhaut und Entwässerung mit daraus folgendem Feuchteeintrag führen. In unbeheizten Gebäuden alter Bauart sind in Abhängigkeit von Baumasse und Luftwechsel zwar recht deutliche Jahresklimaschwankungen zu verzeichnen, die kurzfristigen äußeren Schwankungen werden dagegen nur stark gedämpft im Inneren wirksam. Auch ohne Heizung sind nur in Ausnahmefällen Temperaturen unter dem Gefrierpunkt zu erwarten. Die Jahresschwankung der relativen Luftfeuchte ist im Allgemeinen deutlich geringer als in beheizten Gebäuden.

Ein typisches Problem in monumentalen Gebäuden alter Bauart ist die so genannte Sommerkondensation. In einem unbeheizten Gebäude sind dabei weniger die klassischen Wärmebrücken an Fenstern, Fensterlaibungen oder in Mauerecken problematisch, sondern vielmehr die schweren Baumassen im Fußboden und im aufgehenden Mauerwerk. Bis weit in den Sommer hinein kann es aufgrund der thermischen Trägheit der Baumassen bei Kontakt mit warmer feuchter Luft zum Ausfall von Kondensat kommen.

Aus Umnutzung und damit verbundenem Heizungseinbau resultieren zwangsläufig starke Auswirkungen auf das Raumklima und nicht selten klimabedingte Schäden. Typische Folge verstärkter Beheizung ist das deutliche Absinken der relativen Luftfeuchte im Winter. Damit sinkt gleichzeitig der Feuchtegehalt von hölzernen Möbeln, Türen, Wandbekleidungen und Fußböden oder auch von Stuckdecken und Gipsornamenten mit der Folge von Rissen, Fugen, Verformungen und Abplatzungen.

Beispiel: Bibliothek und Kirche

Wie stark das Klimaverhalten eines unbeheizten Raums von der Art der Bauhülle und dem Innenausbau beeinflusst wird, zeigen die folgenden Messergebnisse. In einem alten Bibliotheksgebäude und in einer Klosterkirche wurden über ein Jahr Klimauntersuchungen durchgeführt. Ein Vergleich beider Gebäude bietet sich an, da sie nur eingeschränkt genutzt und nicht beheizt werden sowie über eine massive Bauhülle aus dickem Mauerwerk verfügen.

In den Abbildungen (Seite 159) ist die Wechselwirkung von Innen- und Außenklima für den Jahresverlauf der relativen Luftfeuchte aufgetragen. Für beide Gebäude ist eine deutliche Dämpfung der Schwankungsbreite der äußeren Luftfeuchte zu erkennen. Ebenso deutlich sichtbar ist das noch weit höhere Dämpfungsvermögen der Bibliothek (Verhältnis innen/außen ca. 1:5). Ursache ist die durch kulissenartige Regaleinbauten stark vergrößerte Oberfläche sowie die Verwendung von Materialien mit großem Feuchtespeichervermögen (Holz, Papier, Putz).

Alte Kulissenbibliothek.

Das bekannte physikalische Prinzip der Feuchtesorption, nach dem ein sorptionsfähiges Material eine Ausgleichsfeuchte entsprechend der umgebenden Luftfeuchte annimmt, führt bei kurzzeitigen Feuchteänderungen zum gegenteiligen Effekt. Die Materialfeuchte bestimmt dann die Raumluftfeuchte, da die in der Luft enthaltene Feuchtemenge nur einen winzigen Bruchteil der in der Bauhülle, den Regalen und Büchern gespeicherten Feuchte enthält. Wird beispielsweise durch den Luftwechsel oder durch Besucher Feuchte in den Raum gebracht, so ist trotzdem nur eine minimale Erhöhung der Raumluftfeuchte zu verzeichnen. Natürlich sind auf diese Weise auch die Bücher in den Feuchteaustausch einbezogen, die doch eigentlich vor Klimaschwankungen geschützt werden sollen. Aufgrund der enormen sorptionsfähigen Oberfläche im Raum kommt es jedoch zu einer großflächigen Verteilung der Feuchtemenge, das einzelne Buch wird kaum belastet.

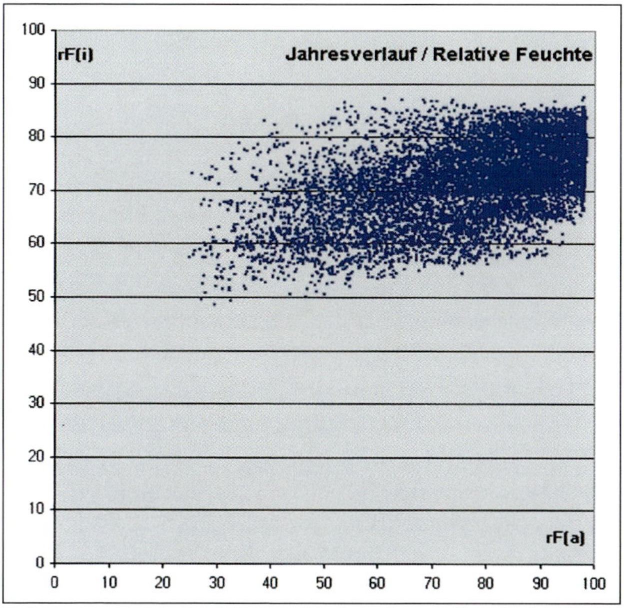

Kirche: Jahresverlauf der relativen Feuchte

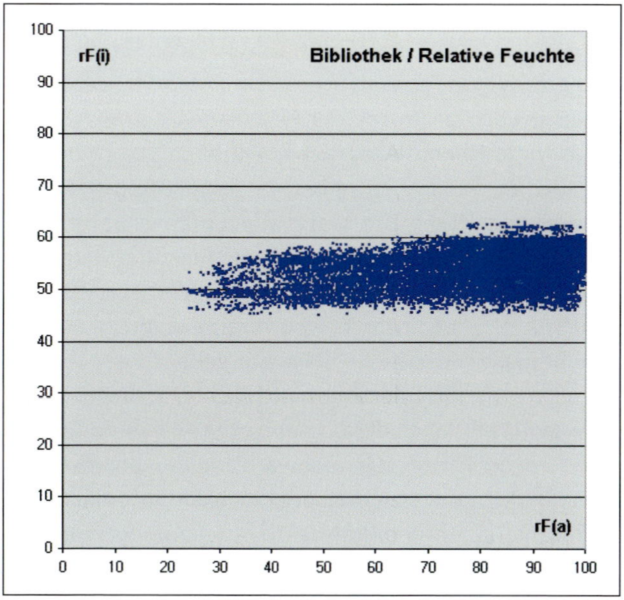

Bibliothek: Jahresverlauf der relativen Feuchte

8 Beleuchtung

Auch der schönste Tag geht einmal zu Ende. Sobald es dunkel wird, verschwindet der Zauber der Architektur und der Gartenlandschaft. Mit Hilfe des elektrischen Lichts kann man aber der gebauten und der natürlichen Umwelt eine neue Faszination verleihen. Es ist gar nicht so schwer, auch in der Nacht überraschende, neue, bisher unbeobachtete Aspekte in reizvoller Weise hervortreten zu lassen. Die dekorative Flutlichtbeleuchtung hebt die wertvollen Objekte im Stadtbild oder in der Landschaft hervor, sorgt für Attraktivität und Schönheit im nächtlichen Bild und führt zu einer Belebung der Umgebung durch das Anlocken von Besuchern.

Bei Tag werden die Fassaden von Gebäuden und die Innenarchitektur unter direktem Sonnenlicht oder im diffusen Licht des bedeckten Himmels im ständigen Wechselspiel von Licht und Schatten gesehen. In der Regel ist es nicht möglich, mit künstlichem Licht die gleichen Effekte zu erzielen, wie sie das Tageslicht hervorruft. Sehr oft stellt sich eine andere Wirkung ein, ob gewünscht oder nicht. Die VDI-Richtlinie 3817, Blatt 1 fordert daher unter Ziffer 7.2 Elektroinstallation, dass bei der Auswahl der Leuchten und Lampen außer der formalen Integration auch die möglichen Einwirkungen des Lichts auf Bausubstanz, Ausstattungs- und Einrichtungsgegenstände zu berücksichtigen sind. Aus diesem Grund sind auch bei diesem Gewerk die Auslegungsparameter rechtzeitig mit allen Beteiligten abzustimmen.

Auch in der Beleuchtungstechnik sollte die Integration vorhandener historischer Lichtquellen in die Lichtplanung mit einbezogen werden. Neuinstallationen lassen sich in der Regel nicht immer substanzschonend realisieren. Das Anbringen der Leuchten sowie das Verlegen der Elektroleitungen führt somit zwangsläufig zu Beeinträchtigungen. Bei der Auswahl und Anordnung der Lichtquellen sind neben der Beleuchtungsstärke, Lichtfarbe und Farbwiedergabe auch die fotochemischen und/oder physikalischen Beeinträchtigungen durch Lichtquellen zu berücksichtigen. Licht kann farbige Oberflächen dauerhaft verändern, indem es fotochemische Prozesse einleitet, die Farben ausbleichen oder Materialien in ihren Stoffeigenschaften verändern. Durch Umwandlung in Wärme an den Oberflächen wird die Materialtemperatur dahingehend beeinflusst, dass zum Beispiel bei hygroskopischen Stoffen die Material-

Natürliche Belichtung einer Kirche.

feuchte reduziert wird. Bei Holz könnte eine starke Beleuchtung dazu führen, dass es an der Oberfläche zu Austrocknung und somit Rissbildung kommt. Derartige Schwundrisse erkennt man häufig an Skulpturen, die mittels Lichtstrahler besonders herausgestellt werden.

Neben den direkten Einwirkungen kann Licht auch das Erscheinungsbild eines Gebäudes verändern. Daher ist es wichtig, die zu beleuchtenden Objekte bei Tageslicht aufzusuchen, um diejenigen Stellen zu erkunden, von denen aus das Gebäude betrachtet wird. Nachdem die Beleuchtungsanforderungen festgelegt sind, kann die Entscheidung getroffen werden, wo die Leuchten anzubringen sind und welche Lichtverteilung, Lampenart und Wattleistung zu wählen sind, um den gewünschten Eindruck zu erzielen. Erfahrungsgemäß erscheinen Gebäude und Fassaden flach und uninteressant, wenn die Blickrichtung der Betrachtenden mit der Beleuchtungsrichtung übereinstimmt. Günstiger, weil dann die Strukturen plastischer wirken, ist eine seitliche Anstrahlung. Ist der Hintergrund oder die Umgebung des Gebäudes recht dunkel, so reicht relativ wenig Licht aus, um ein Objekt hervortreten zu lassen. Ist das Umfeld jedoch hell oder sind »störende« Lichtquellen im Blickfeld, benötigt man mehr Licht für eine wirkungsvolle Anstrahlbeleuchtung. Die Ermittlung der erforderlichen Beleuchtungsstärke muss den Reflexionsgrad sowie die Struktur des Fassadenmaterials berücksichtigen. Die Gesamtreflexion einer Fassade ist abhängig von dem Material, dem Einfallswinkel des Lichts, der Oberflächenstruktur (matt, glatt), dem Oberflächenzustand (sauber, schmutzig) sowie der Blickrichtung. Hervorspringende Teile wie Erker, Balustraden oder Balkone können zur Wirkung der Fassade beitragen. Hierzu sind die erforderlichen Scheinwerfer in einiger Entfernung von der Fassade anzuordnen, damit zu starke Schattenbildung vermieden wird. Ist dies aufgrund der örtlichen Gegebenheiten nicht möglich, so kann auch eine Ergänzungsbeleuchtung mit kleinen Leuchten, die an den vorstehenden Teilen des Gebäudes angebracht werden, die gewünschte Wirkung hervorrufen. Galerien, Balkone hinter der Fassadenfront oder Dächer liegen im Schatten, wenn die Scheinwerfer in geringer Entfernung von der Fassade aufgestellt sind. In diesem Falle ist eine zusätzliche Beleuchtung in den zurückspringenden Teilen der Fassade erforderlich, die eine andere Lichtfarbe haben kann. Durch Anstrahlung aus größerer Entfernung werden jedoch Schatten abgeschwächt, und die ergänzende Beleuchtung erübrigt sich.

Die Lichtfarbe beeinflusst das Erscheinungsbild des Objekts, den Eindruck eines Ensembles und die Stimmung des Betrachters. Daher ist eine behutsame Abstimmung auf das anzustrahlende Oberflächenmaterial erforderlich, um die gewünschte Farbwiedergabe zu erzielen. Für Sandsteinoberflächen eignen sich warme Lichtfarben, die Patina eines Kupferdaches wird durch kühle Lichtfarben betont.

Baustoff	Zustand	Reflexionsgrad
Roter Backstein	Verschmutzt	0,05
Beton und Stein (hell)	Stark verschmutzt	0,05–0,10
Beton und Stein (hell)	Verschmutzt	0,25
Gelber Backstein	Neu	0,35
Beton und Stein (hell)	Relativ sauber	0,40–0,50
Betonfarbiger Anstrich	Sauber	0,50
Weißer Marmor	Relativ sauber	0,60–0,65
Weißer Backstein	Sauber	0,80
Granit	Relativ sauber	0,10–0,15

Tabelle 9 Reflexionsgrade von Oberflächenmaterial

Anhang

Verweise/Quellen

1 Hessisches Denkmalschutzgesetz, 1986
2 Huse, Norbert (Hrsg.): Denkmalpflege – Deutsche Texte aus drei Jahrhunderten. München 1984
3 Huse, Norbert (Hrsg.): Denkmalpflege – Deutsche Texte aus drei Jahrhunderten. München 1984
4 Huse, Norbert (Hrsg.): Denkmalpflege – Deutsche Texte aus drei Jahrhunderten. München 1984
5 Peitz, Alois: Die Welt noch einmal restaurieren. Umgang mit historischer Bausubstanz am Ende des Jahrtausends. In: das bauzentrum, 7/93, S. 77–84
6 Internationale Charta von Venedig, 1963, überarbeitete Fassung 1989
7 Seehausen, Karl-Reinhard: Denkmalschutz und Verwaltungspraxis. Reihe Altbaumodernisierung. Stuttgart 2000
8 Usemann, K. W.: Die Technisierung des häuslichen Lebens. In: Gesundheits-Ingenieur 119 (1998) Heft 5
9 Thiersch, Katharina: Haustechnik im Kulturdenkmal – Denkanstöße aus denkmalpflegerischer Sicht. Referatstext ZHD Fulda, 1995
10 Käferhaus, J.: Reactivation of historic natural ventilation in the Hofburg, Vienna, with proof of its functioning by measuring campaign and application of the results in Schönbrunn castle. Käferhaus GmbH, Wien 1999
11 VDI-Richtlinie 3817 Blatt 1, »Technische Gebäudeausrüstung in denkmalwerten Gebäuden«. VDI-Gesellschaft Technische Gebäudeausrüstung, März 1993
12 Preißler, Albert; Schlapmann, Dietrich: Technischer Gebäudeausbau für Architekten. Aktuelles Planungshandbuch für alle Planungsphasen mit Kostendaten und Planungshilfen im Bild. 1998
13 Preißler, Albert; Schlapmann, Dietrich: Technischer Gebäudeausbau für Architekten. Aktuelles Planungshandbuch für alle Planungsphasen mit Kostendaten und Planungshilfen im Bild. 1998
14 ZHD-Arbeitsblatt Heizungstechnik im Baudenkmal, Teil 4: Ablauf Planung. Fulda 1998

15 Preißler, Albert; Schlapmann, Dietrich: Technischer Gebäudeausbau für Architekten. Aktuelles Planungshandbuch für alle Planungsphasen mit Kostendaten und Planungshilfen im Bild. 1998
16 Verordnung über einen energiesparenden Wärmeschutz bei Gebäuden (Wärmeschutzverordnung - WärmeschutzV) vom 16. August 1994
17 Preißler, Albert; Schlapmann, Dietrich: Technischer Gebäudeausbau für Architekten. Aktuelles Planungshandbuch für alle Planungsphasen mit Kostendaten und Planungshilfen im Bild. 1998
18 Henicke, K.: Haustechnik im Baudenkmal, Teil 1: Historische Materialien und Techniken, Arbeitsblatt des Deutschen Zentrums für Handwerk und Denkmalpflege. Fulda 2000
19 VDI-Richtlinie 3817 Blatt 1 »Technische Gebäudeausrüstung in denkmalwerten Gebäuden«. VDI-Gesellschaft Technische Gebäudeausrüstung, März 1993
20 Arendt, C.: Technische Untersuchungen in der Altbausanierung. Köln 1994
21 Schmitz, H.; Böhning, J.; Krings, E.: Verfahren/Geräte zur Erfassung von Bauschäden, Landesinstitut für Bauwesen und angewandte Bauschadensforschung (Hrsg.). Aachen 1987
22 GEFMA Definition Richtlinie 100. Bonn 1996
23 Bundesministerium für Raumordnung, Bauwesen und Städtebau: Dritter Bericht über Schäden an Gebäuden. Bonn Bad Godesberg 1996.
24 ZHD-Projektbericht, Wittmer, M.: Niedrigenergiestandard im denkmalgeschützten Fachwerkgebäude. Fulda 1998
25 Stein, Wolfgang Hans: Fragen der Anwendung des Kölner Modells im Archivbau. In: Der Archivar, Jg. 45, 1992, Heft 3
26 ICOM, Conseil International des Musees, Paris, 1960
27 Raumklima in Museen. Informationsschrift des Fachinstituts Gebäude–Klima e. V. 1999

Begriffe, Erläuterungen

Absolute Feuchte (g/m³ oder g/kg) Die absolute Luftfeuchte beschreibt den Feuchtegehalt der Luft. Das Feuchteaufnahmevermögen der Luft steigt mit zunehmender Temperatur.

Ausgleichsfeuchte (M-%) Bei längerem Luftkontakt stellt sich in sorptionsfähigen Materialien ein Feuchtegehalt in Höhe der so genannten Ausgleichsfeuchte ein. Die materialspezifische Ausgleichsfeuchte ist abhängig von der relativen Raumluftfeuchte.

Bausubstanz Tragende Bauteile, Wände, Putze, Böden, Decken, Dächer, Fenster und Außentüren.

Feuchtekonvektion kennzeichnet den direkten Eintrag von feuchter Raumluft in die Bauhülle. Wie Untersuchungen von Bauschäden zeigen, ist die Feuchtekonvektion häufig gefährlicher als die Feuchtediffusion, da bedeutend mehr Tauwasser ausfallen kann.

Feuchtesorption Die Sorptionsfähigkeit bezeichnet das Vermögen von porösen Materialien, die Umgebungsfeuchte in Form von Wasserdampf aus der Raumluft aufzunehmen (Absorption) beziehungsweise wieder abzugeben (Desorption). Die Materialfeuchte ist abhängig von der relativen Luftfeuchte. Dieser Zusammenhang wird in Form von Sorptionsisothermen dargestellt.

Grenzschicht Als Grenzschicht wird der wenige Millimeter starke Übergangsbereich zwischen den Materialoberflächen und der umgebenden Luft bezeichnet. Die Austauschvorgänge von Wärme und Feuchte in diesem Nahbereich können vom allgemeinen Raumklima abweichen.

Grundtemperatur Um Frostschutzschäden und schädliche Tauwasserbildung auszuschließen, kann zum Schutz der Bausubstanz, des Innenausbaus und der Inneneinrichtung eine Grundtemperatur notwendig sein.

Hygroskopizität Die Feuchteaufnahme aus der Raumluft kann sich bei stark salzbelasteten Bauteilen um ein Vielfaches erhöhen. In Abhängigkeit von Salzart und Salzmenge liegt dann die Ausgleichsfeuchte des Materials bedeutend höher. Die hygroskopische Wasseraufnahme kann bei mineralischen Baustoffen eine bedeutende Durchfeuchtungsursache sein.

Instandhaltung von alten Gebäuden umfasst alle Schritte der Baupflege, von der Wartung und der Inspektion bis zur Instandsetzung. Der Schwerpunkt sollte auf vorbeugenden Kontrollgängen und Reparaturen liegen (Säuberung der Dachrinne, Erneuern von Anstrichen usw.), um größere und kostenaufwendige Maßnahmen hinauszuzögern. In größeren Zeitabständen werden trotzdem Instandsetzungen zur Erneuerung von stark beschädigten und verbrauchten Bauteilen notwendig.

Luftdichtheit Je höher der Dämmstandard eines Gebäudes, umso wichtiger ist die Luftdichtheit der Bauhülle. Dadurch können Wärmeverluste vermieden und Bauschäden verhindert werden. Anforderungen an die Luftdichtheit sind in der DIN 4108 Teil 7 (Luftdichtheit von Bauteilen und Anschlüssen; Planungs- und Ausführungsempfehlungen sowie -beispiele) und in der Wärmeschutzverordnung definiert. Prüfverfahren blower door.

Luftwechsel (1/h) Die Luftwechselzahl ist der Anteil des Luftvolumens eines Raums, der je Stunde gegen Frischluft ausgetauscht wird.

Mechanische Lüftung (kontrollierte Lüftung, Zwangslüftung) Luftwechsel, der aufgrund mechanisch erzeugter Druckunterschiede mittels Ventilatoren hervorgerufen wird. Die Höhe des Luftswechsels kann durch Steuerung der Ventilatorleistung geregelt werden (»kontrolliert«).

Modernisierung Bauliche Maßnahmen, die den Gebrauchswert des Wohnraums nachhaltig erhöhen, die allgemeinen Wohnverhältnisse auf Dauer verbessern oder nachhaltig Einsparungen von Energie oder Wasser bewirken; Instandsetzungen, die durch Maßnahmen der Modernisierung verursacht werden, fallen unter die Modernisierung.

Natürliche Lüftung (freie Lüftung) Luftwechsel, der durch Ausnutzung des natürlichen Auftriebs der Luft bei Temperaturunterschieden (Thermik) oder durch Windkräfte hervorgerufen wird. Die Höhe des Luftwechsels ist abhängig von Undichtheiten der Bauhülle (Fenster, Türen, Schächte usw.), Art und Gliederung des Baukörpers, örtlicher Lage und Windbeanspruchung.

Raumausstattung (Innenausbau, Inneneinrichtung) Wand- und Deckenmalereien, Innentüren, Bekleidungen der Innenflächen aus Holz, Stoff und dergleichen, weiterhin Möbel, Bilder, Skulpturen, Altäre, Orgeln, Beleuchtungskörper und sonstige Kulturgüter.

Raumlufttemperatur Eine ohne Berücksichtigung von Strahlungseinflüssen im Raum gemessene Lufttemperatur.

Raumtemperatur Diese »empfundene Temperatur« berücksichtigt sowohl die Raumlufttemperatur als auch die mittlere Umgebungsflächentemperatur. Sie ist in DIN 4701 Teil 2 »Regeln für die Berechnung des Wärmebedarfs von Gebäuden«, als Norm-Innentemperatur für Räume unterschiedlicher Nutzung festgelegt.

Relative Feuchte (%) Die relative Luftfeuchte beschreibt, bis zu welchem Prozentsatz die Luft mit Feuchtigkeit gesättigt ist. Sie kennzeichnet das Verhältnis der momentanen absoluten Luftfeuchte zur Sättigungsfeuchte. Die relative Luftfeuchte ist daher von der Temperatur abhängig.

Taupunkt und Kondensation Je nach Temperatur (und Druck) kann die Luft unterschiedlich große Mengen an Feuchtigkeit aufnehmen. Wird bei Abkühlung in einer Außenwand eine bestimmte Temperatur unterschritten (Taupunkt), so ist die Luft mit Wasserdampf übersättigt, und es kommt zum Ausfall von Kondensat (Tauwasser). Die Gefahr von Tauwasser steigt von innen nach außen mit Abnahme der Wärmedämmung (Innendämmung) und Zunahme des Diffusionswiderstands (dichter Fassadenanstrich).

Umnutzung beziehungsweise Nutzungsänderung liegt dort vor, wo meist für ganze Gebäude alte Nutzungen entfallen oder aufgegeben worden sind und das Gebäude einer anderen Nutzung zugeführt werden soll.

Wärmebrücke Bereiche der Gebäudehülle mit wesentlich höherem Wärmeabfluss als benachbarte Wand- und Deckenteile und entsprechend geringeren Oberflächentemperaturen. Sie werden nach ihrer Ursache unterteilt in geometrische Wärmebrücken wie Raumecken, Fensterlaibungen oder vorkragende Bauteile und materialbedingte Wärmebrücken wie Rollladenkästen, Fensterstürze, Träger und Wandanker aus Metall. Die Wirkung von Wärmebrücken steigt mit zunehmendem Dämmniveau.

Wärmedurchgangskoeffizient (k-Wert) Der k-Wert [W/(m²K)] gibt an, welche Wärmemenge pro Stunde durch einen Quadratmeter eines Bauteils im stationären Zustand fließt, wenn der Temperaturunterschied 1 Kelvin beträgt.

Wärmekonvektion Wärmetransport aufgrund von Bewegung flüssiger oder gasförmiger Stoffe, die durch Temperaturunterschiede verursacht sind. Ein Beispiel ist das Aufsteigen erwärmter Luft über einem Heizkörper.

Wärmestrahlung Wärmetransport aufgrund von elektromagnetischer Strahlung. Je höher die Temperatur eines Körpers, umso größer ist die abgestrahlte Wärmeleistung.

Wasserdampfdiffusion Diffusion ist gasförmiger Wassertransport, der durch Dampfdruckdifferenzen ausgelöst wird. Der Diffusionswiderstand eines Bauteils ist ein Maß für die Menge des transportierten Wassers.

Weiterführende Literatur

Praktische Denkmalpflege

Anliegen der Denkmalpflege / Arbeit des Denkmalschutzes

Deutsches Nationalkomitee für Denkmalschutz (Hrsg.): Denkmalschutz. Texte zum Denkmalschutz und zur Denkmalpflege. Bonn 1993

Dörffeldt, S.; Viebrock, J. N.: Hessisches Denkmalschutzrecht, Kommentar. Mainz-Kostheim 1991

ICOMOS Nationalkomitee der Bundesrepublik Deutschland (Hrsg.): Das Denkmal als Altlast? Auf dem Weg in die Reparaturgesellschaft. München 1996

Internationale Charta von Venedig, 1963. Überarbeitete Fassung 1989

Petzet, M.: Grundsätze der Denkmalpflege. Hrsg.: ICOMOS Nationalkomitee der Bundesrepublik Deutschland. Hefte des Deutschen Nationalkomitees 10, München 1992

Petzet, M.; Mader, G.: Praktische Denkmalpflege. Stuttgart 1993

Haustechnik gestern und heute / Denkmalwerte technische Ausrüstungen

Baumgartner, P.: Die Restaurierung des Jenny-Schloss in Thalwil. Sonderdruck aus Zürcher Denkmalpflege, 13. Bericht 1991–1994

Schivelbusch, W.: Die Elektrifizierung. Serie: Das Jahrhundert der Elektronik und der Kommunikation. In: Der Spiegel 17/1999

Usemann, K. W.: Die Technisierung des häuslichen Lebens. In: Gesundheits-Ingenieur 119 (1998), Heft 5

Leitlinien für die Haustechnik

Hamm, Franz Josef: Grundsätze zur Haustechnik in der Denkmalpflege. Referatstext ZHD Fulda, 1993

VDI-Richtlinie 3817 Blatt 1 »Technische Gebäudeausrüstung in denkmalwerten Gebäuden«. VDI-Gesellschaft Technische Gebäudeausrüstung, März 1993

VDI-Gesellschaft Technische Gebäudeausrüstung (Hrsg.): Technische Gebäudeausrüstung in der Denkmalpflege. VDI-Bericht 718, Düsseldorf 1989

VDI-Gesellschaft Technische Gebäudeausrüstung (Hrsg.): Erhaltung historischer Bauten. VDI-Bericht 896, Düsseldorf 1991

Planung

Grundlagen / Schadensursachen / Ablauf der Planung

AKH, 1996: Architektenkammer Hessen (Hrsg.): Bauen im Bestand – Inhalte und Ablauf der Architektenleistungen. Leitfaden zur systematischen Dokumentation. Informationsreihe für Hessische Architekten Nr. 17, Wiesbaden 1996

Eckermann, W.; Hirsch, T.: Heizungstechnik im Baudenkmal, Teil 4 Planung: Ablauf. Arbeitsblatt des Deutschen Zentrums für Handwerk und Denkmalpflege. Fulda 1997

Gaedtke, XXX: Haustechnik in denkmalgeschützten Gebäuden. Referatstext, ZHD Fulda 1999

Hirsch, Thomas; Friedrich, Jens: TGA bei der Sanierung von Fachwerkgebäude – Beispiel Heizungstechnik. Ausarbeitung des Ingenieurbüros Hirsch im Auftrag des ZHD, 1996

Preißler, Albert; Schlapmann, Dietrich: Technischer Gebäudeausbau für Architekten. Aktuelles Planungshandbuch für alle Planungsphasen mit Kostendaten und Planungshilfen im Bild. 1998

VDI-Gesellschaft Technische Gebäudeausrüstung (Hrsg.): Sanierungsaufgaben in der Technischen Gebäudeausrüstung. VDI-Bericht 828, Düsseldorf 1990

VDI-Gesellschaft Technische Gebäudeausrüstung (Hrsg.): Bauschäden und Baumängel in der Gebäudetechnik. VDI-Bericht 1023, Düsseldorf 1992

Werner W.: Anforderungen an den Ingenieur bei Aufgaben in der Denkmalpflege. In: VDI-Bericht 718, Düsseldorf 1989

Kosten und Honorierung

Schmitz, Heinz; Stannek, Norbert: Erhalt von Bauteilen: Hohe Qualität – Niedrige Kosten. Köln 1991

Werner, W.: Ausschreibung, Vergabe, Objektüberwachung, Honorarermittlung. In: Erhaltung historischer Bauten. VDI-Bericht 896, Düsseldorf 1991

Umgang mit Gesetzen, technischen Regeln und Normen

Seehausen, Karl-Reinhard: Denkmalschutz und Verwaltungspraxis. Reihe Altbaumodernisierung. Stuttgart 2000

Installationen und Bauwerk

Bestandserfassung und Bestandsbewertung

Ahnert, R.; Krause, K. H.: Typische Baukonstruktionen von 1860 bis 1960. Band 1 und 2. Berlin 1996

Cramer, J.: Handbuch der Bauaufnahme, Aufmaß und Befund. 2. überarbeitete Auflage, Stuttgart 1993

Gerner, M.; Dietz, F.; Arend, J.: Studie über den Instandsetzungsbedarf von Fachwerkgebäuden für den Bauschadensbericht der Bundesregierung. Fulda 1995 (unveröffentlichte Langfassung)

Landesdenkmalamt Baden-Württemberg (Hrsg.): »Empfehlungen für Bauaufnahmen«. Leinfelden-Echterdingen 1990

Systemwahl und Leitungsführung

Arendt, C.: Haustechnik im Baubestand verbessern und erneuern. Hrsg. Landesinstitut für Bauwesen des Landes NR. Aachen 1997

Dahlhaus, C.; Damrath, H.: Wasserversorgung. 9. Auflage. Stuttgart 1987

Feurich, H.: Sanitärtechnik. 5. Auflage. Düsseldorf 1987

Günther, K. P.: Brandschutz in denkmalgeschützten Gebäuden. VDI-Bericht 718, S. 165-170. Düsseldorf

Kabat, Sylvester: Brandschutz in Baudenkmälern. Berlin 1996

Kallenbach, Wilhelm u.a.: Brandschutz in Baudenkmälern und Museen. 2. Aufl., München 1982

Krist, Th.; Krebs, W.: Handbuch der Installationstechnik. Wiesbaden/ Berlin 1986

Preißler, A.: Dachentwässerung in denkmalwerten Gebäuden. In: Sanitär- und Heizungstechnik 10/1989

Preißler, A.: Sanitärtechnik, Kosten und Schadensminimierung. In: Bausubstanz 11/1992

Schmitz, H. u. a.: Planen und Bauen im Bestand. Stuttgart 1989

Schulze, H.: Naßbereiche in Bädern. Holzbau Handbuch, Reihe 3, Teil 2, Schriftenreihe der Arbeitsgemeinschaft Holz e.V. Düsseldorf 1999

Wartung und Instandhaltung

Claussen, D., Hakansson, H.: Gasinstallation von A–Z. Essen 1987

Kahlen, H.: Integrales Facility Management, Management des ganzheitlichen Bauens. Düsseldorf 1999

Nävy, J.: Facility Management, Grundlagen – Computerunterstützung – Einführungsstrategie – Praxisbeispiel. Berlin 1998

Preißler, A.: Sicherheitstechnische Maßnahmen an Gasleitungen in öffentlichen Gebäuden. VDI-Bericht 802 , Februar 1990

Preißler, A.: Vorsorgende Instandhaltung und vorbeugender Brandschutz bei Erd- und Flüssiggasanlagen. Sanitär- und Heizungstechnik, 10/1989

Schnapauff, V.; Richter-Engel, S.: Gebrauchsanweisung für Häuser. Gliederungsvorschläge und Textbausteine zur Abfassung einer Gebrauchsanweisung für Eigentümer und Mieter. Stuttgart 1997

Dämmen, Lüften und Heizen

Dämmen

Eckermann, W.; Veit, J.: Schlagregenbeanspruchung von Fachwerkfassaden. Arbeitsblatt des Deutschen Zentrums für Handwerk und Denkmalpflege. Fulda 1996

Gerner, M. u. a.: Wärmedämmung von Fachwerkbauten. Hrsg. AG Historische Fachwerkstädte. Fulda 2000

Gösele,K.; Schüle, W.: Schall, Wärme, Feuchte. 8. Auflage. Wiesbaden 1985

Oswald, R.; Lamers, R.; Schnapauff, V.: Nachträglicher Wärmeschutz für Bauteile und Gebäude. Wiesbaden und Berlin 1995

Schulze, H.: Querschnittsbericht über den nachträglichen Ausbau von Dachgeschossen. Stuttgart 1992

Schulze, J.: Das Dilemma. Nachträglicher Heizungseinbau und Wärmedämmung in Baudenkmälern, Teil 1 und 2. In: Bausanierung 3 und 4/95

Lüften

Recknagel/Sprenger/Schramek: Taschenbuch für Heizung und Klimatechnik. 69. Auflage. München, Wien 1999

Helbig, S.: Wärmetechnische und Lüftungseigenschaften von Kastenfenstern. PaX GmbH (Hrsg.): Fenster im Baudenkmal. Firmenbroschüre mit Vorträgen vom 1./2. November 1996. Ingelheim 1997, S. 85–102

Heizen

Eisenschink, Alfred: Feuer im Ofen – Glück im Haus. Herkunft und Zukunft des guten alten Kachelofens. Gräfelfing 1999

Grandjean, E.: Wohnphysiologie. Zürich 1973

Hessisches Ministerium für Umwelt, Energie, Jugend, Familie und Gesundheit (Hrsg.): Solare Warmwasseranlagen in denkmalgeschützten Gebäuden. Modellplanungen am Beispiel von sechs historischen Bauwerken. Wiesbaden 1996

Preißler, A.: Bauen im Bestand unter Berücksichtigung bewährter Heizsysteme. In: K+L Magazin 3/92 und 4/92

RWE Bauhandbuch: Technischer Ausbau. 1987/88, RWE Essen

Volger, K.; Laasch, E.: Haustechnische Grundlagen – Planung – Ausführung. Stuttgart 1989

Wellpott, Edwin: Technischer Ausbau von Gebäuden. 3. Auflage. Stuttgart 1989

Energie sparen

Bähr, R.: Energie- und Wartungsaufwand in klimatisierten Museen – Analyse und mögliche Entwicklung. RWTH Aachen, Lehrstuhl für Wärmeübertragung und Klimatechnik. Diplomarbeit 1997

Bundesarchitektenkammer (Hrsg.): Energiegerechtes Bauen und Modernisieren. Basel 1996

Evangelische Akademien in Deutschland (Hrsg.): Energisch Energie Sparen – Perspektiven der CO_2-Reduktion im Bereich der Evangelischen Kirche in Deutschland (EKD). Studie, abgeschlossen 1995

Gertis, K: Energiesparen im Altbau – Ein Stiefkind? Vortragsmanuskript zum Symposium »Energetische Modernisierung von Altbauten« vom 6. Juni 1997, Haus der Wirtschaft, Stuttgart. Hrsg. Wirtschaftsministerium Baden-Württemberg

Hessisches Ministerium für Wirtschaft und Technik (Hrsg.): Energiesparpotentiale im Gebäudebestand. Institut Wohnen und Umwelt, Darmstadt 1990

Konferenz der Bauamtsleiter der Gliedkirchen der EKD (Hrsg.): Kirchliches Bauhandbuch – Energiesparendes und umweltschonendes Bauen in der evangelischen Kirche. Bielefeld 1994/1996

Raumklima in historischen Gebäuden

Arendt, C.: Raumklima in großen historischen Gebäuden. Köln 1993

Eckermann, W.; Veit, J.: Heizungstechnik im Baudenkmal, Teile 1 bis 2 Planung: Raumklimatische Grundlagen. Arbeitsblatt des Deutschen Zentrums für Handwerk und Denkmalpflege, Fulda 1997

Fischer, H.-M.; Petzold, K. u. a.: Lehrbuch der Bauphysik. 4. neubearbeitete und erweiterte Auflage. Stuttgart 1997

Graupner, K.: Wärme ist nicht alles, Heizung und Lüftung historischer Gebäude. In: Bausubstanz 11–12/1999 und Bausubstanz 1/2000
Heimsch, R.: Planung der Haustechnik im Denkmal. Referatstext, ZHD Fulda 1997
Hilbert, G. S.: Sammlungsgut in Sicherheit / Teil 2: Lichtschutz, Klimatisierung. 1. Auflage Berlin, 1987, 2. Auflage 1996
Hofer, A.: Reduzierung der Raumlufttechnik bei der Klimatisierung von Museen. Vortrag auf der MUTEC 1996
Kay, Gersil Newmark: Mechanical & electrical systems for historic buildings. NcGraw-Hill Inc., New York 1991
Müller, K. G.; Muthesius, G.: Die Heizungsanlge im Dom zu Bardowik. Sonderdruck Klimatechnik 8/60. Stuttgart 1960
Petzold, K.: Raumlufttemperatur. 2. Aufl., VEB Verlag Technik, Berlin 1983; Bauverlag, Berlin und Wiesbaden 1983
Preißler, A.: Raumluftkonditionierung in Baudenkmälern. CLIMA 2000 London, Tagungsband 11/1993
Roloff, J.; Graupner, K.: Bauklimatische Probleme, Zusammenhänge und Schlußfolgerungen beim Umgang mit dem Bauteil Fenster. Enthalten in: Das Fenster im Profanbau in Sachsen. Schriftenreihe für Baukultur, Architektur, Denkmalpflege / Baukonstruktive Blätter 1. Hrsg. Sächs. Staatsministerium des Innern, 1996
Stein, W. H.: Fragen der Anwendung des Kölner Modells im Archivbau. Der Archivar, Jg. 45, 1992, H. 3, S. 409–424

Beleuchtung

Hentschel, H.-J.: Licht und Beleuchtung. 3. Auflage. Heidelberg 1987
Kebschull, W.: Dekorative Flutlichtbeleuchtung. VDI-Bericht Nr. 896, 1991
Hofmann, H.: Innenraumbeleuchtung für historische Bauten. VDI-Bericht Nr. 896, 1991

Register

Aufheizgeschwindigkeit 149
Ausschreibung 27
Außenwandfeuerstätte 116

Badewanne 17, 36, 66, 69, 77
Befeuchtung 102, 143, 152
Bestandsschutz 31, 96
Bleirohr 42ff.
Brennstoff 54, 108f., 111, 120, 153f.

Dampfsperre 76, 100, 102, 104, 123, 130
De-Installation 60f.
Dichtmittel 45f.

Einrohrsystem 114
Einzelheizung 112, 116f., 125
Elektroheizung 111, 118
Energieträger 82, 108ff., 116
Entfeuchtung 99, 143
Erdgas 92f., 108f.
Etagenheizung 36, 85, 115f.

Facility Management 88f., 92
Fallrohr 38ff., 40, 48, 52, 66, 71
Fenstersanierung 21, 24, 26, 35, 41, 46, 50f., 80, 99, 101f., 104ff., 107, 116, 118, 126, 130
Fernwärme 36, 87, 108ff.
Feuerwehreinsatzplan 89
Flüssiggas 109
Frostschäden 135
Fußbodenheizung 123, 125

Grundleitung 37ff., 41, 44, 55, 66, 72
Grundlüftung 51, 105, 119
Grundofen 119

Heizenergieverbrauch 100, 127
Heizleiste 123, 125
Heizöl 37ff., 109, 127
Heizraum 63, 115
Heizungsanlagenverordnung 32, 78
historische Haustechnik 16ff.
Holz 25f., 34ff., 42f., 50, 54, 60ff., 63, 66. 68f., 76f., 79ff., 84f., 90, 102f., 112, 116, 119f., 124, 132f., 134f., 149, 155, 158, 161
Holzheizung 112
Honorarordnung 27, 30

Innendämmung 100, 102, 128, 130
Installationsschacht 87 f.
Installationswand 65

Kachelofen 119f.
Kirchenheizung 118, 146f.
Klimaanlage 105, 131f., 143
Klimamessung 50, 136f., 152
Klimastabilität 132
Kohle 25, 36ff., 39, 52, 54, 82, 111, 116, 126
Konvektor 123ff.
Kulturdenkmal 12, 85
Kurzzeitschwankung 137, 139, 141, 143, 151

LAS-Schornstein 122
Leistungsbeschreibung 29, 114
Luftdichtheit 108, 127f., 130
Luftwechsel 51, 106f., 133, 139, 141f., 146, 152, 156, 158

Museumsklima 138ff.

Nachtstromspeichergerät 77, 121
Nassräume 68, 81, 85, 87
Niedrigenergiehaus 100, 105, 128ff.

offene Leitungsführung 58

Plattenheizkörper 124

Quelllüftung 20

Radiator 40, 124f.
Reflexionsgrad 162

Salzschäden 26, 135f.
Sanitärzelle 68, 87
Solarenergie 104, 112ff., 126
Sommerkondensation 133, 149, 151, 157
Stahlrohr 42, 45, 48, 54, 61, 87, 97

Taupunkt 96f., 134, 136, 153, 156
Technikgeschichte 16ff.
Technische Denkmäler 19
Temperierung 135, 140f., 143
Thermografie 50
Tonrohr 44

Umbauzuschlag 30
Umnutzung 14, 65, 81, 157

verdeckte Leitungsführung 58
Versottung 25, 37, 54, 87, 96
Vorwandinstallation 66f., 69, 76

Wandheizung 123, 125
Wärmebrücke 51, 78, 99, 157
Wärmeschutzverordnung 32
Warmwasserbereitung 38ff., 66, 82, 111ff., 114ff.
Wartungsvertrag 57

Zentralheizung 17, 26, 36ff., 39f., 42, 63, 81, 83, 85, 99, 109, 113ff., 116, 119, 121

Bildnachweis

Baumgartner, Peter S. 20
Eckermann, Wulf S. 19, 21, 22, 29, 43, 47, 48 oben und unten, 52, 58 rechts, 59 rechts, 60, 64 links, 67, 68, 74 unten, 75 oben und Mitte links, 79 rechts, 82 oben rechts, 86, 88, 91, 101, 106, 114, 122 oben, 125, 129, 134, 145, 147, 148, 150, 151, 158, 159
Gerner, Manfred S. 64, rechts
Gölz, Michael S. 120
Hessisches Ministerium für Umwelt, Energie, Jugend, Familie und Gesundheit (Hrsg.): Solare Warmwasseranlagen in denkmalgeschützten Gebäuden. Modellplanung am Beispiel von sechs historischen Bauwerken. Wiesbaden 1996 S. 113
Ingenieurbüro Hirsch, Erfurt S. 75 unten, 110
Lemme, Anna S. 139
Preißler, Hans Albert S. 26, 58 links, 70, 71, 73, 73 Mitte, 75 Mitte rechts, 76, 79 links, 82 oben links und unten, 89, 94, 96, 97, 122 unten, 153, 155, 161
Schaaf, Uli S. 74 oben
Stiftung Weimarer Klassik S. 48 Mitte
ZHD, Deutsches Zentrum für Handwerk und Denkmalpflege, Fulda, Archiv S. 112